纺织新技术书库
高层次人才科研支持经费(1010147001101)
国家自然科学基金青年基金(52304210)
中国博士后科学基金特别资助项目(2024T170110)
浙江省博士后科研项目择优资助二等资助(ZJ2023129)

工业除尘用新型滤料制备工艺及性能

郭颖赫　赫伟东　著

中国纺织出版社有限公司

内 容 提 要

本书依据国内外工业除尘滤料的最新研究进展，详细阐述了驻极体滤料和纳米纤维膜复合滤料的基础理论、制备工艺及性能，介绍了驻极体滤料和纳米纤维膜复合滤料在复合材料、工业除尘等领域的研究成果和重要应用案例。本书紧密结合了驻极体滤料和纳米纤维膜复合滤料的理论研究和实际应用，突出了其在工业除尘领域的前沿地位和重要应用价值，本书在理论和实验方面的研究为工业除尘用新型滤料的发展提供了新思路，有助于推动工业除尘领域的学术研究和技术创新。

本书适合从事工业除尘滤料研发的教师和学生使用，也可供从事纳米纤维产品开发的研究人员参考。

图书在版编目（CIP）数据

工业除尘用新型滤料制备工艺及性能 / 郭颖赫，赫伟东著. --北京：中国纺织出版社有限公司，2024.12. --（纺织新技术书库）. -- ISBN 978-7-5229-2420-5

Ⅰ. TU834.6

中国国家版本馆 CIP 数据核字第 20250AY058 号

责任编辑：由笑颖　　责任校对：高　涵　　责任印制：王艳丽

中国纺织出版社有限公司出版发行
地址：北京市朝阳区百子湾东里 A407 号楼　邮政编码：100124
销售电话：010—67004422　传真：010—87155801
http://www.c-textilep.com
中国纺织出版社天猫旗舰店
官方微博 http://weibo.com/2119887771
三河市宏盛印务有限公司印刷　各地新华书店经销
2024 年 12 月第 1 版第 1 次印刷
开本：710×1000　1/16　印张：12.25
字数：210 千字　定价：88.00 元

前　言

工业除尘领域中，常规针刺毡滤料对亚微米级颗粒物的捕集效率已遇到瓶颈，在滤料阻力等参数几乎降到技术阈值的前提下，提高滤料对微细颗粒物的捕集效率成为重大难题。驻极体滤料及纳米纤维膜滤料高效低阻的特点使其成为常规针刺毡滤料最有潜力的替代者之一，然而在高温、高湿、高粉尘浓度、复杂化学成分等因素作用下，现有驻极体滤料电荷衰减明显且衰减机理尚不明确，纳米纤维膜与传统针刺毡滤料的复合工艺并不清晰，无法直接应用于工业除尘领域。因此，研究驻极体滤料电荷衰减影响因素及机理、研发可用于工业烟气环境中的永久驻极体滤料及纳米纤维膜滤料、研究纳米纤维膜与传统针刺毡滤料的复合工艺成为焦点。本书针对驻极体滤料及纳米纤维膜滤料用于工业除尘领域需解决的关键问题进行了详细梳理，主要内容包括驻极体滤料初始过滤性能及其荷电特性研究、驻极体滤料电荷衰减机理研究、具有自发极化特性的电气石对驻极体滤料强化研究、纳米纤维膜对工业除尘滤料过滤性能增强研究、纳米纤维膜与针刺毡滤料复合方法研究、压电驻极体滤料及其多功能过滤装置研究。

本书构建了驻极体滤料荷电特性分析体系，揭示了驻极体滤料的电荷类型与电荷衰减机理；提出了“避免依赖沉积电荷，增加偶极电荷比例”的高稳定性驻极体滤料研发路线，并制备出适用于工业烟气环境的电气石复合驻极体滤料；发现压电效应对颗粒物过滤效率具有增强作用，修正了常规驻极体滤料理论模型并用于压电驻极体滤料性能分析；开发了驻极体滤料多功能属性以提升其综合性能，研发了以压电驻极体滤料为核心的多功能过滤装置，并建立了多功能过滤装置传感分析模型。此外，本书系统研究了纳米纤维膜与针刺毡滤料复合的多种方法，提出了一步共纺覆膜法用于制备工业除尘用纳米纤维膜复合针刺毡滤料；揭示了工业除尘条件下纳米纤维膜复合针刺毡滤料的过滤性能和阻力变化规律。本书在理论和实验方面的探索为工业除尘用新型滤料的发展提供了新思路。

著者

2024 年 7 月

目　录

第1章　绪论 …… 1
1.1　研究背景 …… 1
1.1.1　工业颗粒污染物 …… 1
1.1.2　工业除尘技术 …… 2
1.1.3　工业除尘滤料 …… 4
1.1.4　工业除尘滤料评价指标 …… 8
1.2　驻极体滤料国内外研究现状 …… 9
1.2.1　驻极体滤料原材料选择及驻极方法 …… 10
1.2.2　驻极体滤料电荷稳定性 …… 12
1.2.3　驻极体滤料过滤机理 …… 13
1.2.4　驻极体滤料抗菌性能 …… 15
1.2.5　新型驻极体滤料 …… 16
1.3　纳米纤维膜滤料国内外研究现状 …… 17
1.3.1　纳米纤维膜制备技术 …… 18
1.3.2　有机纳米纤维膜滤料 …… 19
1.3.3　有机—无机复合纳米纤维膜滤料 …… 20
1.3.4　特殊结构纳米纤维膜滤料 …… 20
1.4　滤料应用于工业除尘领域需解决的关键问题 …… 21
1.4.1　驻极体滤料 …… 21
1.4.2　纳米纤维膜滤料 …… 22

第2章　驻极体滤料初始过滤性能及其荷电特性研究 …… 23
2.1　实验材料及实验方法 …… 23
2.1.1　实验材料 …… 23
2.1.2　驻极体滤料制备方法及性能测试 …… 24
2.2　驻极体滤料静电和过滤性能的影响因素 …… 25
2.2.1　材料种类 …… 25

2.2.2 驻极参数 …… 27
2.3 驻极体滤料荷电特性理论分析 …… 30
2.3.1 不同原材料的驻极体滤料荷电特性 …… 30
2.3.2 不同驻极参数的驻极体滤料荷电特性 …… 33
2.4 本章小结 …… 36

第 3 章 驻极体滤料电荷衰减机理研究 …… 37
3.1 实验材料及实验方法 …… 37
3.1.1 实验材料 …… 37
3.1.2 驻极体滤料处理方法及性能测试 …… 38
3.2 驻极体滤料电荷衰减影响因素 …… 44
3.2.1 时间 …… 44
3.2.2 温度 …… 45
3.2.3 湿度 …… 47
3.2.4 颗粒层 …… 48
3.3 再生过程中驻极体滤料结构及性能变化 …… 54
3.3.1 驻极体滤料纤维结构 …… 56
3.3.2 驻极体滤料阻力和表面电势 …… 57
3.3.3 驻极体滤料过滤效率 …… 59
3.4 驻极体滤料电荷衰减机理分析 …… 61
3.4.1 感应电荷的介电松弛 …… 61
3.4.2 沉积电荷的传导 …… 65
3.4.3 沉积电荷的屏蔽 …… 67
3.4.4 沉积电荷的中和 …… 69
3.5 本章小结 …… 70

第 4 章 具有自发极化特性的电气石对驻极体滤料强化研究 …… 71
4.1 实验材料及实验方法 …… 71
4.1.1 实验材料 …… 71
4.1.2 电气石复合驻极体滤料制备方法 …… 72
4.2 电气石参数对复合驻极体滤料过滤性能的影响 …… 73
4.2.1 电气石纯度 …… 73

4.2.2 电气石颗粒添加量及其粒径 …… 77
4.3 电气石压电性能对复合驻极体滤料电荷密度的影响 …… 80
4.4 电气石复合驻极体滤料的电荷稳定性 …… 84
4.5 本章小结 …… 86

第5章 纳米纤维膜对工业除尘滤料过滤性能增强研究 …… 87
5.1 实验材料及实验方法 …… 87
5.1.1 实验材料 …… 87
5.1.2 实验设备 …… 88
5.1.3 纳米纤维膜的制备方法 …… 90
5.1.4 测试与表征 …… 91
5.2 纳米纤维膜最佳纺丝参数及其对过滤性能的强化 …… 93
5.2.1 纳米纤维膜最佳纺丝参数 …… 93
5.2.2 纳米纤维膜对工业除尘滤料过滤性能的强化 …… 100
5.3 本章小结 …… 104

第6章 纳米纤维膜与针刺毡滤料复合方法研究 …… 106
6.1 实验材料及实验方法 …… 107
6.1.1 实验材料 …… 107
6.1.2 实验设备 …… 108
6.1.3 纳米纤维膜与工业除尘滤料复合方法 …… 108
6.1.4 测试与表征 …… 110
6.2 不同方法制备纳米纤维膜复合针刺毡滤料 …… 112
6.2.1 直接覆膜法制备的纳米纤维膜复合针刺毡滤料 …… 112
6.2.2 三明治热处理覆膜法制备的纳米纤维膜复合针刺毡滤料 …… 115
6.2.3 一步共纺覆膜法制备的纳米纤维膜复合针刺毡滤料 …… 124

第7章 压电驻极体滤料及其多功能过滤装置研究 …… 135
7.1 实验材料及实验方法 …… 136
7.1.1 实验材料 …… 136

7.1.2 压电驻极体滤料制备装置 …… 137
7.1.3 多功能过滤装置结构设计 …… 137
7.1.4 多功能过滤装置性能评价方法 …… 138
7.2 压电驻极体滤料的压电性能与过滤性能 …… 141
7.2.1 锆钛酸铅浓度对压电电压的影响 …… 141
7.2.2 滤料面积和厚度对压电电压的影响 …… 144
7.2.3 压电驻极体滤料的过滤性能 …… 144
7.3 多功能过滤装置基于压电效应的风速与阻力传感 …… 147
7.3.1 多功能过滤装置对通风系统风速的压电响应 …… 147
7.3.2 多功能过滤装置对自身阻力的压电响应 …… 149
7.3.3 多功能过滤装置风速与阻力传感理论分析 …… 151
7.4 多功能过滤装置基于压电效应的能量收集与抗菌性能 …… 155
7.4.1 能量收集性能 …… 155
7.4.2 抗菌性能 …… 160
7.5 本章小结 …… 162

第 8 章 结论与展望 …… 164
8.1 结论 …… 164
8.2 展望 …… 166

参考文献 …… 167

第1章

绪论

1.1 研究背景

1.1.1 工业颗粒污染物

颗粒污染物导致的空气污染是亟须解决的环境问题之一。大气中颗粒污染物的主要来源是工业烟尘排放，例如燃煤热电厂产生大量烟尘颗粒、金属冶金工业产生烟尘颗粒和金属氧化物颗粒、水泥工业产生烟尘颗粒和无机粉尘、垃圾焚烧厂产生塑料微粒和油性液滴等复杂颗粒物。大气颗粒污染物引发雾霾天气，进而造成交通堵塞、航班延迟、返航或备降等事件发生。蒙嘉璐等总结了四起因雾霾引起的交通事故，并总结了雾霾天气中发生交通事故的类型，其中因能见度较低导致的汽车追尾事故占雾霾天交通事故的61.46%。高广阔等的研究也表明，雾霾通过降低能见度、影响驾驶员心理、改变出行者的出行方式等方面增加了交通道路安全隐患。

大气颗粒污染物不仅降低了室外空气质量，也直接影响室内空气质量，缓慢且长期地影响着人体健康。戴博（Daiber）等论述了颗粒物进入细胞和线粒体的机制以及颗粒物暴露对线粒体功能的影响。孙（Sun）等分析了2009—2012年、2015—2016年在中国成都测量的可吸入颗粒物（PM_{10}）中的同步重金属和多环芳烃数据，发现重污染期间的工业排放控制与患癌风险相关。范（Fan）等的研究发现空气中颗粒物污染水平对细菌组成有显著影响，空气中微生物间复杂的相互作用会增加 $PM_{2.5}$ 对人类健康的实际风险。陈（Chen）等研究了北京、上海和沈阳三个城市 $PM_{2.5\sim10}$ 浓度与每日死亡率之间的短期关联，三个城市的联合分析表明，在单一污染物模型中，$PM_{2.5\sim10}$ 与非意外原因和心肺疾病的每日死亡率之间存在显著关联。姚（Yao）等量化了跨区域运输对上海大气颗粒污染物的贡献，提供了大气颗粒污染物与人体健康风险相关联的科学证据。还有一些相关研究表明，大气颗粒污染物与呼吸系统疾病高发直接相关，与短期及长期的心血管疾病存在潜在关联，是影响早孕期胚胎发育的可能原因之一。

大气颗粒污染物还可作为众多污染物的载体，进而引发一系列人体健康问题。吸附于可吸入固体颗粒物上的重金属和多环芳烃具有致癌风险，微细颗粒物上的细菌及真菌会诱发多种感染型疾病，一些病原体可藏匿于颗粒污染物中并随着气溶胶的迁移实现空气传播。邓林俐等的研究表明，雾霾频发地区大气 $PM_{2.5}$ 中的金属元素浓度呈现复杂的变化。奥车（Oucher）等以及奥德（Onder）等分别分析了阿尔及利亚首都阿尔及尔和土耳其城市科尼亚道路交通排放导致的不同尺寸气溶胶颗粒中的重金属富集情况，分析表明 Pb 和 Cd 以及较小量的 Ni 和 Co 更易在 PM_1 中富集，而 Fe、Mn 和 Cu 在 PM_{10} 中比在 PM_1 中更容易富集，这些研究结果揭示了重金属在微细颗粒物中的分布状态。此外，燃烧等过程产生的颗粒物迁移会导致金属元素在土壤、植物中的聚集，对人类健康构成威胁。细菌、病毒等通过颗粒物传播是颗粒污染物对人体健康造成威胁的另一条途径。以 2019 年年末暴发的新型冠状病毒感染为例，空气传播被认为是新型冠状病毒的传播途径之一，空气传播即通过呼吸性飞沫和载有病毒的气溶胶传播。颗粒污染物也影响着高端制造业的发展。例如在半导体行业，芯片制造工艺已经由 20 世纪 70 年代的 10μm 发展到现在的 10nm 甚至 7nm 水平，这意味着车间环境中的颗粒物会影响芯片的生产加工。

颗粒污染物对自然环境、人体健康和高端制造业发展的威胁已经凸显出来，控制大气中的颗粒污染物成为当务之急。治理工业烟尘排放是最直接、最有效的大气颗粒物控制手段之一。我国是世界上颗粒物排放标准最严苛的国家之一，GB 13223—2011 规定普通地区颗粒物排放浓度为 $30mg/m^3$（相当于欧盟水平），重点地区为 $20mg/m^3$（相当于美国标准），但该标准仍不能满足中国现行标准要求。对于京津冀地区，设置了 $10mg/m^3$ 甚至 $5mg/m^3$ 的严苛标准，这相当于在已经达到技术上限（$20mg/m^3$ 限值）的基础上再减掉 50%甚至 75%的排放浓度，给工业除尘技术提出了巨大挑战。

1.1.2 工业除尘技术

面对工业烟尘导致的一系列大气污染问题，从源头上控制颗粒物排放成为最主要的控制措施。目前，对工业烟尘的治理主要是通过一些工业除尘技术实现颗粒物与排放气体的固—气分离。根据除尘机理以及处理颗粒污染物粒径范围的不同，工业除尘技术主要包括如下几类。

1.1.2.1 机械式除尘器

机械式除尘器是利用污染颗粒物的重力、离心力或惯性力作用使颗粒物与气流分离，以达到空气净化的目的。典型的机械式过滤器有重力沉降室、惯性除尘器和旋风除尘器等。其中，重力沉降室主要用于粒径为 50μm 及以上的污染颗粒物；惯性除尘器多用于 10μm 以上颗粒物的捕集；旋风除尘器按照进气方式可分为回流式、直流式、平旋式等，旋风除尘器的尺寸可根据需求进行设计，且可以多个并用，其可以处理的颗粒物尺寸通常在 5μm 以上。在重力沉降室、惯性除尘器和旋风除尘器的基础上添加喷雾装置即构成湿式除尘器。在湿式除尘器内，气体中的颗粒物与水或其他液体相互碰撞凝聚，进而被液体介质捕获，达到颗粒物去除的目的。

机械式过滤器具有结构简单、制造和维护成本较低、动力损耗小、可使用范围广泛等特点，适合用于含尘浓度较高、气流成分复杂、高温高压的环境。机械式除尘器一般只对大粒径颗粒物（≥5μm）具有较高的捕集效率，对 5μm 以下颗粒物的捕集效率较低，因而机械式除尘器一般只用于多级除尘系统中的初级过滤。

1.1.2.2 静电除尘器

静电除尘器是使含尘气流经过高压电场，荷电后的颗粒物在电场力作用下被电极捕获，进而将颗粒物从气流中分离。静电除尘主要依靠颗粒的静电力作用，其基本过程包括电晕放电、颗粒荷电、带电粒子的迁移和捕集、颗粒清除。静电除尘器对微细颗粒物的捕集效率较高，一般在 95%~99%，同时静电除尘器具有压力损失小、运行费用低、烟气处理量大等优点，因此在我国工业发展的早期，工业排放烟气的处理以静电除尘器为主。静电除尘器的缺点也较为明显，其一次性投资费用高，制造、安装、运行要求严格。

颗粒物荷电是静电除尘过程中的重要环节，颗粒物数量浓度过高时会严重影响电晕放电，颗粒物在电场中得不到电荷，导致静电除尘器失去除尘作用；颗粒物的粒径越小，对电晕放电的影响越大。颗粒物的黏附性是另一影响因素，黏附性过大的颗粒物会沉积在集尘电极上产生电场屏蔽效应，从而降低颗粒物捕集效率，而频繁的清理集尘板会增加运营成本。颗粒物的比电阻会直接影响静电除尘效率，对于比电阻较低的颗粒物（如碳烟颗粒），当其荷电后被集尘板捕集，由于良好的导电性其所带电荷会很快传导至极板，因此荷电颗粒物会失去电性或者带上与电极相同的电荷，电场对颗粒物的电场力作用消失，被捕集颗粒物脱离集尘板并重返气流造成二次扬尘。对于高比电阻的颗粒物，其对电荷的束缚能力很强，颗粒物会持续地在集尘板上累积。累积的颗粒物层可以形成很强的电场，当电场强度增长到足以击穿粉尘层时，就会发生反向放电并产生与荷电颗粒物电性相反的电荷，导致荷电颗粒物被中和，进而引起静电除尘效率迅速下降。此外，由于累积的颗粒物与随后而来的荷电颗粒物具有相同电性，二者相互排斥，颗粒物捕集效率也会随之降低。

以上提到的缺点导致了静电除尘器对微细颗粒物的捕集效率很难在现有基础上继续提高，同时也限制了静电除尘器的使用范围。单独使用静电除尘器很难达到 $10mg/m^3$ 甚至 $5mg/m^3$ 的排放要求，因而在工业过滤领域逐渐被袋式除尘器替代。

1.1.2.3 过滤式除尘器

过滤式除尘器是使含尘气流通过各类过滤材料，在扩散、拦截、惯性碰撞、静电吸附等机理的共同作用下，将颗粒物与气流分离的控制技术。与机械式除尘器和静电除尘器相比，过滤式除尘器结构简单、使用灵活、操作稳定、适应性强、维护简单、对不同性质的颗粒物均有效等诸多优势。针对不同工况和使用要求，可以通过改变纤维材料、纤维直径、滤料克重、滤料厚度等参数调节过滤器的过滤性能。按照应用领域的不同，过滤式除尘器有空气过滤器、颗粒床过滤器和袋式除尘器等。按照过滤效率的不同，过滤式除尘器分为粗效、中效、高中效、亚高效、高效和超高效空气过滤器。按照过滤材料的不同，过滤式除尘器分为滤纸过滤器、泡沫材料过滤器和纤维层过滤器等。过滤式除尘器是目前颗粒物控制领域最常用的除尘技术之一，特别是工业除尘领域，目前以针刺毡滤料为核心的袋式除尘器市场占有率较高，占据了绝对主导地位。

1.1.3 工业除尘滤料

1.1.3.1 工业除尘滤料发展现状

我国工业除尘滤料经过了 70 多年的发展，经历了从无到有、从进口到出口、从制造到创新的巨大变化，目前我国自主研发制造的聚苯硫醚/聚四氟乙烯（PPS/PTFE）混纺滤料、海岛纤维滤料、水刺滤料等广泛应用于燃煤电厂、钢铁冶金、水泥窑炉和垃圾焚烧等行业。从原材料的角度，目前的工业除尘滤料包括涤纶滤料、芳纶滤料、玻纤复合滤料、PPS 滤料、PTFE 滤料、聚酰亚胺（PI）滤料等。从滤料品种角度，目前的工业除尘滤料涵盖针刺毡滤料、水刺毡滤料、覆膜滤料、超细纤维滤料、浸渍滤料等。

（1）传统针刺毡与水刺毡滤料

针刺毡与水刺毡滤料是目前工业除尘领域的主流产品，这两种滤料生产工艺成熟、生产周期短、生产效率高、质量稳定，在工业除尘环境中具有阻力低、效率高、寿命长、清灰性能佳等优点。对于不同的现场烟气温度、气体成分组成、粉尘参数，可改变材料类型、纤维直径、针刺密度、克重、透气度等参数来生产符合需求的产品。目前使用较多的针刺毡与水刺毡滤料包括涤纶、聚苯硫醚、聚四氟乙烯、芳纶、聚酰亚胺材质的针刺/水刺毡滤料等。史柳鉴等对市场上不同克重的针刺毡滤料与水刺毡滤料的过滤性能进行了系统研究，结果表明，不同类型的滤料对微细颗粒物的过滤效率差别较大，PTFE 水刺毡滤料对 $PM_{2.5}$的过滤效率明显高于涤纶针刺毡滤料，其中涤纶针刺毡过滤效率为 40.25%～57.92%，PTFE 水刺滤料的过滤效率为 97.77%～100%。同种类型的滤料，随着克重的增加，单位面积所含纤维数目增加，含尘气流中颗粒被滤料拦截的概率相应增大，过滤效率整体呈现增大趋势。

然而传统的针刺毡滤料仍存在许多问题，例如涤纶针刺毡滤料孔径大、孔隙率高、耐温性不佳等问题，对微细颗粒物的过滤效率难以达到理想效果；聚苯硫醚针刺/水刺毡滤料的抗氧化性较弱，易导致滤料的脆化进而损坏，影响过滤器的效果；聚四氟乙烯通常作为表面覆膜使用，在颗粒物刻蚀下容易出现破损问题；聚酰亚胺针刺/水刺毡滤料具有超强的耐温性和机械强度以及耐化学稳定性，但 PI 成本较高，使用范围受到限制。

（2）高密面层针刺毡滤料

针刺毡滤料在过滤过程中根据过滤机理可分为深层过滤与表面过滤两个阶段。深层过滤阶段颗粒物不断渗透到滤料内部，导致阻力以较高速率上升。随着过滤过程的进行，颗粒物在滤料表面形成致密的粉尘层，进入表面过滤阶段，此时颗粒物主要被粉尘层捕集，呈现出过滤效率高、阻力增长缓慢的特点。基于表面过滤的特性，可对针刺毡滤料的结构进行调整优化，在滤料表面通过针刺或水刺的方式再增加一层致密的超细纤维高密面层，高密面层可防止颗粒物进入滤料内部，使滤料在寿命周期内大部分时间都处于表面过滤阶段。研究结果表明，高密面层滤料远优于普通滤料，其在洁净过滤阶段、老化阶段以及稳定过滤阶段都具有较低阻力值，此外高密面层滤料还具有阻力上升速率低、过滤周期长、粉尘剥离率高等优势。

海岛纤维滤料是不同形式的高密面层针刺毡滤料，海岛纤维平均直径仅为普通针刺毡纤维的几十分之一。超细的纤维使得滤料非常致密，田新娇等研究了海岛纤维针刺毡滤料的过滤性能，研究结果表明，海岛纤维滤料属于近表层过滤方式，其性能优于普通针刺毡滤料，与覆膜滤料相比也有诸多优势，如进入稳定阶段后海岛纤维滤料的全尘效率与覆膜滤料相当，但残余阻力比覆膜滤料小，清灰周期比覆膜滤料长，同时无须考虑膜破损的问题。

（3）覆膜针刺毡滤料

覆膜滤料是以普通机织布或针刺毡为基底，通过热熔或胶粘的方式对基底滤料覆膜加工而形式的改良滤料。通常采用的是经过双向拉伸制作成的微孔 PTFE 薄膜。覆膜的一面作为迎尘层，因为膜光滑且孔径小，颗粒物在其表面沉积，不会渗透到滤料内部，是具有典型表面过滤特征的滤料。从清灰角度看，覆膜滤料表面形成的尘饼更容易通过喷吹剥离，这使覆膜滤料具有效率高、阻力小、阻力增长慢的优点。石零等对一种氟美斯针刺毡覆膜滤料的过滤性能进行了研究，研究结果表明，覆膜滤料周期性清灰后残余阻力为 1200Pa，老化阶段后覆膜滤料残余阻力为 1163. 3Pa；在过滤风速为 1. 4m/min 时，滤料对 $PM_{2.5}$的过滤效率高于 99%。

张倩等对 PPS/PTFE 混纺（5/5）覆膜滤料、芳纶覆膜滤料、玻纤复合毡覆膜滤料、玻纤布覆膜滤料四种典型覆膜针刺毡滤料进行了清灰性能研究，在清洁阶段，四种覆膜滤料的喷吹周期和残余阻力差异较大，粉尘剥离率约为 83%；在稳定阶段，四种覆膜滤料的清灰周期、残余阻力差异减小且趋于稳定，剥离率约为 95%。

覆膜针刺毡滤料是现有工业除尘滤料中对微细颗粒物过滤效率最高的滤料，在排放标准日益严苛的形势下，覆膜滤料受到了更广泛的关注。但 PTFE 覆膜滤料同时具有膜厚度小、机械强力低和耐磨性差等缺点，且部分产品覆膜牢度低，导致覆膜滤料在初期使用时效果很好，使用一段时间后出现破损问题。

(4) 浸渍处理滤料

滤料浸渍处理是指将传统滤料浸入配制好的整理液中，轧压去除多余整理液后进行烘干的滤料后处理技术。处理过程中，整理液均匀布满滤料内部的孔隙，处理完成后，整理液凝固在滤料内部及表面，使滤料孔隙更致密，从而使滤料具有更高的过滤效率。邓洪研究了 PTFE 乳液浸渍处理的芳纶/PAN 预氧化纤维滤料的性能，结果表明，处理后滤料孔隙率和透气性降低，最小孔径、最大孔径和平均孔径分别减小了 9.3%、9.75%、9.08%，滤料对 0.3μm 颗粒物的过滤效率提高了 32.4%。何建良等研究了 PTFE 乳液浸渍处理的芳纶针刺毡滤料的过滤性能，结果表明浸渍后滤料透气性略有下降，但同等条件下耐酸碱性能得到提高，对 0.3μm 颗粒物的过滤效率提升了 31.53%。周冠辰等的研究也表明 PTFE 乳液浸渍处理后的玄武岩/聚苯硫醚针刺毡滤料平均孔径由 33.1μm 降低到 27.3μm，对颗粒物的过滤效率由 89.9% 提高到 97.2%。

尽管浸渍处理会提高滤料对微细颗粒物的过滤效率，但是因为滤料孔径减小，阻力会显著上升。同时，浸渍处理后的滤料仍是基于深层过滤机理，过滤阻力会随着过滤过程进行而增大，与覆膜滤料相比没有明显优势。

1.1.3.2　工业除尘滤料存在的问题及发展趋势

随着使用范围的扩展以及工业技术的发展，工业除尘滤料存在一些问题和新的发展需求。柳静献等全面总结了目前工业除尘滤料面临的问题。

第一，如果将除尘滤料用于脱硝前除尘会大幅降低氨逃逸量，但是目前焦炉烟气的温度大多在 300℃ 以上，耐高温纤维及滤料的研发有现实需求。近年来高密度面层滤料发展趋势迅猛，其主要是基于涤纶、聚苯硫醚、芳纶、聚酰亚胺超细纤维，然而超细纤维的制备技术、生产成本、实际应用效果等还存在很大的进步空间。覆膜滤料对微细颗粒物过滤效率较高，但是膜本身的机械性能、耐磨性以及覆膜牢度问题仍需进一步加强。

第二，提升滤料过滤效率的基本方法是降低风速，但受限于工艺参数，系统内的风量不可更改，因此增大滤料的表面积十分重要。为此，目前已经采用褶皱滤料、毡类滤筒等形式的滤料，更多新形式的滤料有待研发。

第三，滤料新产品的研发主要是基于两个方面的考虑，首先是针对特殊使用环境，如超高温气—固分离需要耐 1000℃ 高温，因此陶瓷滤料和金属滤料等逐渐被研发出来。其次，袋式除尘器的广泛采用使工业烟尘排放形势整体趋好，然而随着排放标准越来越苛刻，以针刺毡滤料为核心的袋式除尘器面临新的技术革新需求。目前工业除尘滤料全尘捕集效率高，但对微细颗粒物的捕集效果差，急需研发新型滤料解决此问题。

工业除尘滤料面临的多个问题中，改善对微细颗粒物捕集效果最为迫切。实际测试表明，燃煤锅炉烟尘中 PM_{10} 占 90%，$PM_{2.5}$ 占 50%~90%，经过袋式除尘器后的排放粉尘中 $PM_{2.5}$ 所占的重量比超过 90%，其余为 PM_{10}。目前常规针刺毡滤料针对颗粒物粒径范围为几百纳米到几十微米的全尘捕集设计，全尘效率达到 90%以上，然而没有针对性的考虑以 $PM_{2.5}$ 为代表的超细颗粒物，袋式除尘器过滤过程中微细颗粒物的逃逸率较高。市场上几种常用针刺毡滤料全尘计重效率最高可达 99.99%，而对 PM_{10}、$PM_{2.5}$ 的计重效率分别在 40.12%~83.17%和 72.73%~95.45%之间，工业除尘滤料对微细颗粒的过滤效率急需增强。

工业除尘滤料要适应实际生产中的工况参数和能耗需求，要求增强工业除尘滤料对微细颗粒物过滤效率的同时，其阻力不能增加。然而，传统的滤料过滤效率提高方法，如降低纤维直径、增加滤料克重、减小滤料孔隙、提高滤料厚度等，不可避免地会使滤料的阻力大幅增大，不能满足当下工业除尘滤料的技术革新要求。研发适用于工业除尘领域的具有高效低阻、低运行成本特点的新型滤料，无论是在科学研究还是在工业应用角度都具有重要意义。

1.1.4 工业除尘滤料评价指标

对工业除尘滤料的评价主要是基于以下几个参数。

（1）过滤效率

过滤效率是评价滤料最重要的参数之一，其具体含义是当含尘气流经过滤料时，被滤料捕集的颗粒量与气流中总含尘量的比值。较为常用的过滤效率测试方法是颗粒计数法和计重法，此外比色法、荧光法也在特殊情形下有所使用。本书效率测试采用的是计数法和计重法，使用的颗粒物包括 NaCl 颗粒、碳烟颗粒、油性颗粒等。

（2）滤料阻力

滤料阻力是指在一定风速下，滤料上游进气口处与下游出气口处的压力差。滤料阻力与透气性直接相关，代表了气流通过滤料的难易程度，因此在一定程度上可以反映出滤料的能耗情况。在工业除尘领域，滤料使用过程中需要实时清灰，清洁滤料的阻力称为初始阻力，清灰后滤料阻力称为残余阻力，通常当残余阻力达到设定极限值时，滤料到达使用寿命。

（3）品质因数

滤料的过滤效率与阻力是两个矛盾体，过滤效率高的滤料通常具有更细的纤维直径、更小的孔径，因此阻力更高；阻力低的滤料通常结构更蓬松，孔径更大，因此过滤效率较低。单独使用两者中的一个参数来形容滤料的优劣是不合理的，品质因数（Q_f）是综合考虑了滤料效率与阻力的一个评价参数，其定义式为：

$$Q_f=\frac{-\ln(1-\eta)}{\Delta P} \tag{1-1}$$

式中：η 为过滤效率；ΔP 为阻力。

（4）表面电势

积聚在滤料表面的电荷会产生一个电势，通过测试滤料表面电势可了解滤料的极化状态。因为滤料的内部纤维也会带有电荷，表面电势并不能全面地反映滤料整个体积内的带电情况。然而对于驻极体滤料，测量其表面电势可在一定程度上体现滤料的过滤效率及其随外界参数变化的电荷衰减情况。驻极体滤料表面电势测量属于无损检测，适用于需要进行多个参数检测的滤料样品。

1.2 驻极体滤料国内外研究现状

近年来驻极体滤料在空气颗粒物过滤领域得到广泛关注。驻极体滤料在不改变滤料结构的基础上引入静电吸附力，电荷对颗粒物的静电吸附作用大大提高了滤料对微细颗粒物的捕集效率。带电驻极体纤维不仅吸引带电颗粒，还吸引不带电颗粒，如果颗粒本身带电，会被强大的库仑力拉向纤维，从而提高滤料捕集效率；当颗粒不带电时，会被驻极体纤维周围的电场极化，进而被转换成宏观偶极子并被纤维吸引。此外，如图 1-1 所示，在 0.1～10μm 颗粒物直径范围内，滤料仅通过机械过滤机理不足以捕获颗粒物。机械过滤器过滤效率最低值对应的颗粒物粒径被定义为最易穿透粒径，而大量的大气颗粒污染物和许多生物气溶胶的直径都处于这个粒径范围，为了提高对此粒径范围内颗粒物的捕集效率，静电吸附成为必要选择。驻极体滤料对 1μm 以下颗粒物的静电吸附效应可以为滤料总过滤效率的提高贡献 30%～50%，且不增加任何阻力。驻极体滤料阻力低以及对微细颗粒物捕集效率高的特点，使其成为传统除尘滤料的最佳替代者。

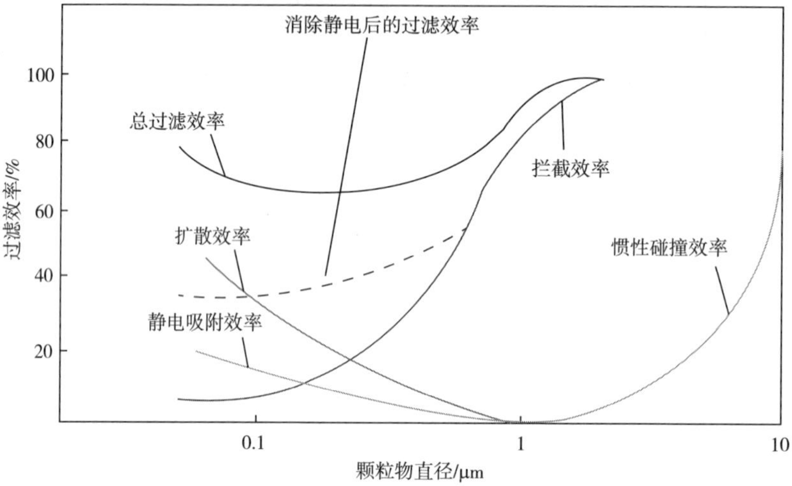

图 1-1　各种纤维捕获颗粒物机理对滤料过滤效率的贡献

关于驻极体滤料的研究通常不涉及滤料结构，主要集中在驻极体滤料原材料选择及驻极方法、驻极体滤料电荷稳定性、驻极体滤料过滤机理、驻极体滤料抗菌性能、新型驻极体滤料等方面，驻极体滤料的研究现状如下。

1.2.1　驻极体滤料原材料选择及驻极方法

原材料选择及相应的驻极方法一直以来都是驻极体滤料相关研究的重点，因为通过改变材料或驻极参数提高驻极体滤料的过滤性能是简单有效的技术手段。在所有的驻极方法中，电晕放电法是最常用的驻极体滤料制备方法。电晕放电是指在曲率半径很小的尖端电极附近，由于局部电场强度超过周围介质电离所需的强度，使介质发生电离的现象。通常是空气被电离，空气电离后产生大量的正、负离子，这些带有电荷的离子在电场力作用下驱向低电场电极，待驻极的滤料放置于低电场电极上，从而使带电离子沉积到滤料表面。电晕放电可以是正电，也可以是负电，这取决于发射电极上电压的极性。

特塞（Tsai）等使用电晕放电、摩擦起电、静电纺丝的驻极方法制备了聚丙烯、聚氧乙烯、聚碳酸酯、聚氨酯驻极体滤料，研究表明摩擦起电方法适合电负性不同的混合纤维驻极体滤料制备，静电纺丝制备的纳米纤维中电荷残留较少，电晕放电更适合成品纤维滤料的驻极处理。谢小军和钱幺等相继对驻极体滤料的原材料选择和驻极方法进行了系统回顾，结果指出熔喷和电晕放电是最常用和最有潜力的驻极方法，聚丙烯、聚丙烯腈、聚偏氟乙烯、聚四氟乙烯等是适合驻极体滤料的高聚物原材料。塔布蒂（Tabti）等对最常用的电晕放电驻极方法进行了深入研究，研究评估了使用电晕放电对聚丙烯非织造布驻极过程中驻极电压和预处理温度的影响。普洛佩亚努（Plopeanu）等讨论了双电极电晕放电系统对聚丙烯非织造布的驻极特性，报道了驻极过程中电流—电压特性测量的结果，揭示了接地电极表面电流密度的重新分配。孙（Sun）等使用电晕放电制备的聚偏二氟乙烯（PVDF）多层滤料对纳米级气溶胶具有较高的过滤效率。

静电纺丝法也广泛用于高效驻极体滤料制备，郭（Guo）等通过静电纺丝方法先后制备出了二氧化硅/聚对苯二甲酸乙二醇酯静电增强型纳米纤维滤料和聚对苯二甲酸乙二醇酯/聚氨酯复合静电滤材。戴（Dai）等制备的聚丙烯腈（PAN）/氧化石墨烯/聚酰亚胺纳米纤维膜对 $PM_{2.5}$ 的过滤效率达到99.5%。聚丙烯腈、聚乙烯吡咯烷酮、聚苯乙烯（PS）、聚乙烯醇（PVA）和聚丙烯（PP）等材料也通过静电纺丝制备成纳米纤维空气过滤器。一般认为静电纺丝制备的纳米纤维滤料实现高过滤效率主要是依赖于其超细纤维，在最近一项研究中，高（Gao）等揭示了静电纺丝纤维中静电荷对纳米纤维膜过滤效率的增强作用，静电纺丝过程中也存在电晕放电现象。其他方法制备的驻极体滤料也屡有报道，如近几年受到关注的摩擦电驻极体滤料，纤维材料表面负载极性粒子的静电增强型驻极体滤料。

表 1-1 总结了目前几种常用驻极体滤料的驻极方法、驻极机理、特性以及制备出的驻极体滤料所带电荷类型。

表 1-1 常用驻极体滤料的驻极方法、驻极机理、特性及电荷类型

驻极方法	驻极机理	特性	电荷类型
静电/熔融纺丝	带电荷的高分子溶液或熔体在静电场中流动与变形，再经溶剂蒸发或熔体冷却而固化	纤维直径小、力学性能差	空间电荷、偶极电荷
电晕放电	利用非均匀电场引起空气的局部击穿，产生的带电离子沉积到电介质材料表面并使其带电	技术成熟、适合滤料后处理	空间电荷

续表

驻极方法	驻极机理	特性	电荷类型
摩擦起电	两种电负性不同的材料接触摩擦时会发生电子相互转移,从而使材料带电	机理简单、需要两种材料配合使用	空间电荷
热极化	高温电场下,电介质材料热活化的分子偶极子沿电场方向定向排列,保持电场不变,使温度降到初始温度,冻结取向的偶极子	温湿度影响大	偶极电荷
低能电子束轰击	利用低能电子束轰击电介质,产生的带电离子被电介质捕获并存储而带电	机理复杂、不易产业化	空间电荷

综上所述，原材料、驻极方法、驻极条件等参数对驻极体滤料过滤性能和静电性能的影响已有较为全面的研究。然而，在之前的研究中很少涉及驻极体滤料电荷类型的探讨，而研究驻极体滤料的电荷类型是揭示驻极体滤料荷电特性的基础，因此对常规驻极体滤料的电荷类型进行探索十分重要。

1.2.2 驻极体滤料电荷稳定性

滤料的使用周期短则数月，长则几年，因此驻极体滤料在长期使用过程中的电荷稳定性至关重要。莫蒂（Motyl）等的研究表明高湿度对驻极体滤料的过滤性能有显著影响，研究结果同时表明在高温下驻极体滤料电荷衰减十分剧烈。基利奇（Kilic）等详细阐述了聚丙烯驻极体滤料静电性能在高温下的衰减，聚丙烯驻极体滤料在30~50℃，100~130℃和165~170℃处都观察到放电峰，且放电强度随着温度的升高而增加，这表明随着温度的升高驻极体滤料的电荷衰减逐渐加剧。除了温度和湿度，有机溶剂对驻极体滤料的影响很大，萨奇尼度（Sachinidou）等使用乙醇、丙酮、异丙醇等不同有机溶剂对驻极体滤料进行处理，结果表明，暴露于有机溶剂中的驻极体滤料电荷衰减显著。金（Kim）等通过静电力显微镜揭示了聚丙烯驻极体滤料暴露于异丙醇中产生的静电衰减是因为电荷损失而不是电荷屏蔽，且研究表明二甲苯、甲苯和乙苯都会导致驻极体滤料的电荷衰减。影响驻极体滤料电荷稳定性的另一个重要因素是沉积在纤维上的颗粒物。多项研究观察到，驻极体滤料在颗粒沉积过程中其过滤效率先降低后升高，过滤效率变化速度及幅度与颗粒物的化学性质、粒径分布、沉积数量等因素有关。唐（Tang）等对商业驻极体滤料在$PM_{2.5}$沉积过程中的过滤性能变化进行了研究，结果表明纤维和颗粒电荷对初始效率的影响取决于颗粒物大小，对颗粒物进行单极性充电可以减缓颗粒物沉积期间驻极体滤料过滤效率的降低。此外，雷诺（Raynor）等研究了驻极体滤料在通风系统中长期使用的稳定性，莱赫蒂马基（Lehtimäki）等发现驻极体滤料暴露于柴油烟雾气溶胶或香烟烟雾气溶胶中时，其过滤效率显著降低，而亚利桑那州道路粉尘仅导致过滤效率的轻微降低。

现有研究包含了多种环境因素驻极体滤料过滤性能的衰减规律，但缺乏研究揭示各种因素下驻极体滤料电荷衰减的内在机理，因此现有研究结果更多是指导如何在不同使用环境中延长驻极体滤料的使用寿命，而不是指导如何开发高稳定性驻极体滤料。

1.2.3 驻极体滤料过滤机理

驻极体滤料对颗粒物的过滤机理包括重力沉降效应、颗粒碰撞效应、截留效应、颗粒扩散效应和静电吸附效应，如图 1-2 所示。

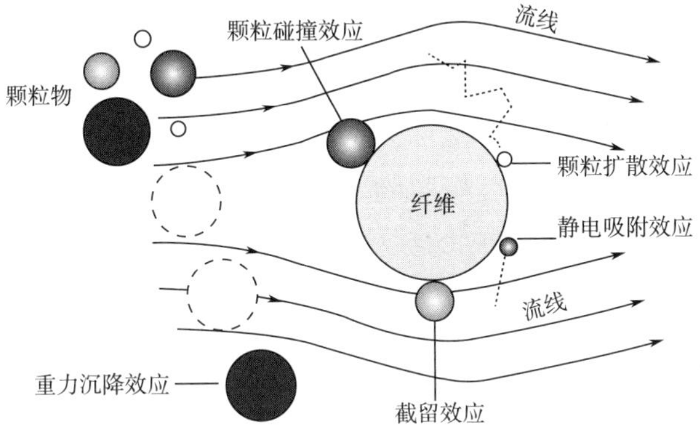

图 1-2 单纤维捕获颗粒物机理

（1）重力沉降效应

纤维滤料捕集颗粒物依赖的重力沉降效应与机械式除尘器中重力沉降室的原理类似，粒径较大的颗粒物随着气流进入多孔的纤维滤料介质中，大颗粒物在重力的作用下偏离流线，进而被纤维捕获。重力沉降效应一般仅对大于 0.5μm 的颗粒物有效，对于小于 0.5μm 的颗粒物，重力作用可忽略不计。

（2）颗粒碰撞效应

纤维滤料中纤维排列复杂，含尘气流进入纤维层时，因纤维的阻碍气流会产生剧烈的弯曲。气流可绕过纤维，但是气流中的颗粒物在惯性力作用下会继续沿着原方向运动，最终颗粒物碰撞到纤维的表面而被捕获。一般颗粒物的粒径和质量越大，惯性作用越强，颗粒物偏离气流流线与纤维发生碰撞而被捕集的概率越大。

（3）截留效应

假设颗粒物质量为 0，即颗粒物不受惯性的作用，则颗粒物中心完全跟随气流流线向前运动。气流中的颗粒物在运动过程中，颗粒物中心位置距离纤维表面小于等于颗粒物的粒径，即颗粒物与纤维表面接触时，颗粒物会被纤维拦截黏附住，这种作用机理被称作拦截效应。当颗粒物的直径大于滤料孔径，颗粒物会完全被滤料的小孔拦截，这是截留效应的一种特殊形式。

（4）颗粒扩散效应

空气中悬浮的颗粒物一般粒径较小，布朗运动是其扩散的主要形式。当颗粒物到达纤维处不是随着气流绕过捕集体，而是继续随机扩散，大大增加了颗粒物与纤维的碰撞概率。颗粒物直径越小，气流流速越小，颗粒物的扩散效应越显著。当颗粒物直径大于 300nm 时，布朗运动显著降低，惯性作用增强；当颗粒物直径大于 500nm 时，颗粒物主要做惯性运动。

（5）静电吸附效应

静电吸附效应不仅会改变颗粒物原来随气流流线的运动轨迹，使其沉积到纤维表面，还可以增加颗粒物与纤维之间的黏附力。滤料通过静电吸附效应捕集颗粒物通常分为几种情况：颗粒物带电—纤维不带电、颗粒物不带电—纤维带电、颗粒物带电—纤维带电。空气中的颗粒物一般会带有电荷，带有异种电荷的颗粒物容易相互吸引凝并，带有同种电荷的颗粒物容易相互排斥使颗粒物的布朗运动加剧，这都有利于颗粒物被滤料捕集；在一些过滤装置中也会刻意地对颗粒物进行预荷电处理，从而增加滤料对颗粒物的捕集效率。目前最常用的是使纤维带电，带电纤维不仅可以捕集带有异种电荷的颗粒物，还可以极化中性颗粒物；与颗粒物带电—纤维不带电的形式相比，颗粒物不带电—纤维带电具有成本低、易实现、无须在过滤系统中添加额外设备等优势。此外，一些研究中使颗粒物与纤维分别带异种电荷，对颗粒物的过滤效率有显著提升。

在实际过滤过程中，滤料对颗粒物的捕集是几种机理共同作用的结果。哪种过滤机理起到主导作用取决于滤料自身结构、纤维参数、颗粒物几何尺寸和性质等参数。

目前还没有一个公认的、普适性的过滤模型用于解释驻极体滤料的过滤性能和过滤机理，所报道驻极体滤料过滤理论都是在特定条件下进行分析。例如，以单纤维电场分布为基础，布朗（Brown）分析了双极性、线性偶极随机分布的驻极体滤料在静电作用/直接拦截作用下对荷电状态不同的颗粒物的捕集；奥尼塔（Otani）等也提出了线性偶极随机取向的驻极体滤料过滤效率的计算模型。基于不同驻极体滤料对不同荷电状态和不同尺寸颗粒物的过滤效率数据，详细分析了驻极体滤料在库仑力、极化力、镜像力等作用下的静电吸附效应被详细分析。此外，颗粒物沉积过程中，驻极体滤料的过滤性能变化规律也被广泛研究。沃尔什、滕豪斯、布朗（Walsh，Stenhouse，Brown）分别研究了驻极体滤料容尘过程中的过滤性能变化，并提出了静电屏蔽和静电中和理论来解释这种变化。唐敏针对颗粒物沉积过程中驻极体滤料过滤性能下降问题进行了详细研究，提出并建立了容尘过程中驻极体滤料的理论计算模型。

综上，目前的驻极体滤料过滤模型都是基于机械过滤材料的经典过滤模型建立的，在具体的研究中需要根据使用条件和实验结果进行修正完善。

1.2.4 驻极体滤料抗菌性能

细菌、真菌、病毒等微生物和病原体及有机溶剂成为目前常见的空气颗粒污染物，其中生物气溶胶对人类健康造成了巨大威胁。环境中普遍存在的代谢物、毒素或微生物碎片都属于生物气溶胶范畴，世界范围内对生物气溶胶的关注正在持续增加。生物气溶胶的识别、量化、分布及其对人体健康的影响（如传染性和呼吸道疾病、过敏和癌症）是主要的研究方向。

生物气溶胶广泛存在于大气污染物中，且当生物气溶胶被滤料捕集后，环境适宜条件下在一定时间内仍保持活性，如将枯草芽孢杆菌沉积到过滤器上，在 5 天内未观察到过滤器样品中枯草芽孢杆菌的活性有显著变化，而在相对湿度大于 98%的静态条件下，过滤介质中观察到了大量的枯草芽孢杆菌菌斑生长，这意味着如果湿度适宜且过滤器未暴露在气流中，则沉积在空气过滤器中的大气灰尘可能会成为枯草芽孢杆菌的营养物质。大气中的生物气溶胶对驻极体滤料的大规模应用提出了更大的挑战。已有研究者对驻极体滤料的抗菌性能展开研究，孙（Sun）等的研究表明，带正电的驻极体滤料对细菌有抑制作用，但抑菌机理尚不明确。更多的研究工作着眼于赋予驻极体滤料杀菌、抗菌性能，目前处理滤料上的微生物污染问题主要是在滤料中加入抗菌物质，常用的抗菌物质有纳米银颗粒、ZnO 和 TiO_2 纳米颗粒等。王（Wang）等通过静电纺丝技术制备了具有优异空气过滤性能和良好抗菌活性的聚乳酸/二氧化钛（PLA/TiO_2）纤维膜，TiO_2 纳米粒子的引入赋予了纤维膜抗菌性能，载有质量分数为 1.75%的 TiO_2 纳米颗粒的 PLA/TiO_2 纤维膜在 45%的相对湿度下具有 99.996%的过滤效率、128.7Pa 的低阻力，以及对细菌 99.5%的灭活效率。库珀（Cooper）等利用壳聚糖的天然抗菌特性，开发了壳聚糖—聚己内酯（PCL）纳米纤维膜，壳聚糖—PCL 纤维膜可显著降低金黄色葡萄球菌的活性。珂（Ko）等研发了滤料表面涂有 AgNP@ SiO_2 颗粒的过滤器并测试了其抗菌功效，细菌形态的扫描电子显微镜（SEM）图像表明 AgNP@ SiO_2 具有即时和协同的抗菌特性，过滤器样品对两种实验细菌的灭活效率>99.99%。中（Zhong）等通过在膨体 PTFE 基体表面均匀接种 ZnO，制备了一种具有超高效率和抗菌功能的空气过滤器，与传统过滤器相比，此过滤器具有超过 99.9999%的出色除尘效率，且 ZnO 纳米棒显著抑制了过滤器上革兰氏阳性菌和阴性菌的繁殖。然而目前使用的抗菌添加物价格昂贵，极大地增加了过滤材料的成本，需要更多的研究来研发低成本、抗菌性能好、可产业化的抗菌滤料。

1.2.5 新型驻极体滤料

目前基于滤料的过滤装置还需要加装湿度传感器、压力传感器、风速传感器、温度传感器等各种传感器，不仅进一步增加了生产和运行的成本，还加大了过滤装置本身的复杂性，使过滤装置发生故障的概率越来越高。驻极体滤料因其高效低阻的特点成为颗粒物过滤领域的最佳选择，近几年研发的自支撑摩擦电过滤器不仅可以提供较高的效率，还可以收集外界机械能，成为新兴的研究热点。

赫（He）等以摩擦电纳米发电机为电压源，研制了一种去除 SO_2 和 PMs（颗粒物）的自供电空气净化系统，由于静电吸附作用，纳米纤维过滤器的去除效率大大提高。该技术不仅能有效地去除传统纤维膜过滤器无法有效过滤的纳米级颗粒，还不会产生臭氧排放。中（Zhong）等介绍了一种用于汽车尾气去除颗粒物的自供电摩擦电过滤器，其基本原理是 PTFE 颗粒与电极之间的碰撞或摩擦会产生摩擦电荷并形成高达 12MV/m 的空间电场，通过控制颗粒的振动频率和填充率，控制摩擦电过滤器中的高电场，从而实现了对颗粒物 94%以上的过滤效率。谷（Gu）等开发了一种基于高效旋转摩擦纳米发电机的增强型 PI 纳米纤维空气过滤器，用于去除环境大气中的颗粒物，该 PI 纳米纤维膜本身对直径大于 0.5μm 的颗粒物表现出较高的过滤效率，与摩擦纳米发电机连接后，过滤器的过滤效率进一步得到提高，对直径为 33.4nm 的颗粒物去除效率最高为 90.6%。李（Li）等报告了一种活性极化纳米纤维过滤膜，其原理是在原位施加的电场作用下，纳米纤维以及颗粒被极化，进而显著提高过滤效率和容尘量，同时保持气流阻力恒定，在 2kV 的驻极电压下，$PM_{2.5}$ 的过滤效率和品质因数分别提高了 17%和 130%，且容尘量比普通纳米纤维膜提高了 3.5 倍。

总之，实现高附加值应用是降低驻极体滤料使用成本的有效途径。因此，在实现驻极体滤料稳定高效的基础上，充分利用驻极体滤料自身的电性能，使滤料构成的过滤装置（如工业袋式除尘器）可以适应复杂的颗粒物种类、感知自身阻力以及通风系统内的流量变化、实现自主抗菌性能是急需研究的课题，也是驻极体滤料未来的一个发展方向。

1.3 纳米纤维膜滤料国内外研究现状

袋式除尘技术使用的传统滤料多为微米级纤维材料［图 1-3（a）］，其对全尘的捕集效率较高，然而滤料孔径大、孔隙率高使其对以 $PM_{2.5}$ 为主的微细颗粒物的捕集效果并不理想，经袋式除尘滤料处理后的气体仍存在大量微细颗粒物，这也是造成颗粒物污染的重要因素之一。PTFE 覆膜滤料因其超强的耐化学腐蚀性成为目前广泛应用的滤料，PTFE 覆膜滤料改善了传统微米级纤维除尘滤料对微细颗粒物捕集效果不佳的问题。然而 PTFE 膜为双向拉伸形成，其本身较易破损且 PTFE 覆膜后阻力增长极高［图 1-3（b）］，增加了除尘过程的能耗，缩短了除尘器的使用寿命。目前，高效低阻、力学性能较强的覆膜滤料还未出现，因此在保证阻力增长幅度较小的条件下研发覆膜滤料，改善工业烟尘控制用滤料对微细颗粒物捕集效果不足的问题迫在眉睫。

纳米纤维膜凭借其克重低、孔隙率高、纤维尺寸细等诸多优势使其在空气过滤领域有广阔的应用前景。如果将纳米纤维膜作为表面膜应用于工业除尘领域，既可以改善传统工业除尘滤料对微细颗粒物捕集效果差的问题，又可以避免目前工业覆膜滤料阻力增长过大的问题。

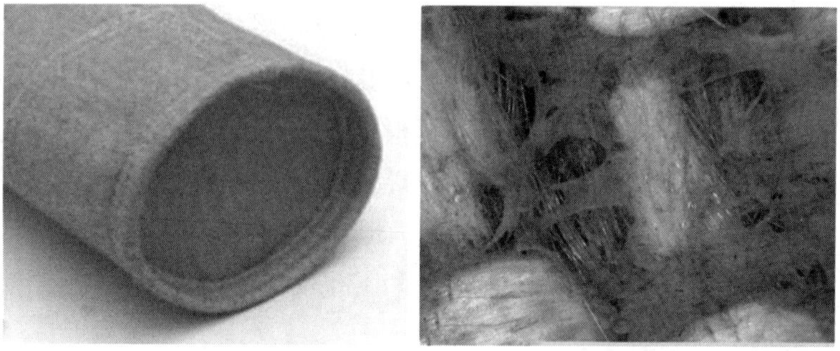

（a）常规针刺毡滤料　　（b）PTFE覆膜滤料

图 1-3　常规针刺毡滤料与 PTFE 覆膜滤料对比

1.3.1　纳米纤维膜制备技术

目前，纳米纤维的制备方法有拉伸法、模板合成法、相分离法及静电纺丝法，其中，拉伸法、模板合成法及相分离法由于其操作过程复杂、工艺调控较为单一、原料范围选择小等缺点并未得到广泛的应用，其技术水平主要处于实验研究阶段，距离纳米纤维的量化生产仍有很远的距离。近年来，静电纺丝技术作为一种新兴的纳米纤维制备技术，由于其可调控性强、纤维产量高、操作工艺简单等优势被广泛应用于生物、医学、传感器、水处理等多个领域。该技术可通过纺丝参数的调整，实现纳米纤维材料应用范围及应用领域的拓展。

静电纺丝技术在 20 世纪末逐渐进入人们的视野，与传统的纤维纺织技术不同，其工作原理为高分子聚合物溶液在高压电场力的作用下进行拉伸、溶剂挥发、纤维固化，最终收集在接收装置上。静电纺丝设备主要包括高压电源、推进泵、溶液供给装置及接收装置。静电纺丝技术可稳定制备纳米级纤维，纺丝过程中的控制参数包括溶液性质（溶剂的选择、不同溶剂的配比、纺丝液体浓度、纺丝液体添加剂等）、纺丝工艺（纺丝电压、推进速度、接收距离、滑台传感器间距离及移动速率等）、环境参数（纺丝过程的温度、湿度等）等，都直接影响了纳米纤维的尺寸和纤维膜的整体结构。因此静电纺丝技术具有很好的可操作性，在不同的应用领域可根据需要调整参数，从而使制备出的纳米纤维膜达到最优效果。近年来，静电纺丝技术制备的纳米纤维由于纤维直径小、纤维膜比表面积大等优势被广泛应用于过滤材料领域，特别是室内空气滤料。

1.3.2　有机纳米纤维膜滤料

（1）单组分有机纳米纤维

单组分有机纳米纤维滤料是最早利用静电纺丝技术纺制的空气滤料。目前，已有 100 多种天然聚合物和合成聚合物可通过静电纺丝的方式制备成纳米纤维。天然高分子聚合物具有较好的生物相容性，如纤维素、甲壳素、壳聚糖（CS）、明胶、透明质酸等被广泛应用于生物医学领域。除天然高分子材料外，合成聚合物因其优秀的性能也被广泛用作静电纺丝的原材料。多种合成聚合物已成功通过静电纺丝的方法制备成纳米纤维，如水溶性聚合物 PVA、聚丙烯酸（PAA）、聚氧化乙烯（PEO）等；又如可溶于有机溶剂的高分子聚合物聚对苯二甲酸乙二醇酯（PET）、PS、尼龙（Nylon）、PVDF、PI、聚氨酯（PU）、聚甲基丙烯酸甲酯（PMMA）等。静电纺丝制备的合成聚合物纳米纤维多用于空气过滤领域。戈帕尔（Gopal）等利用静电纺丝方式制备了用于液体分离的 PVDF 纳米纤维膜，同时证明了 PVDF 纳米纤维膜在过滤颗粒物中的适用性。安（Ahn）等使用尼龙 6 作为原材料，通过静电纺丝技术制备了直径范围在 80~200nm 的纳米纤维过滤材料，并测试了其过滤性能，结果表明，尼龙 6 纳米纤维过滤材料在 5cm/s 风速条件下，对 0.3μm 的颗粒物过滤效率达到 99.993%，性能优于商用的高效空气过滤器（HEPA）。

（2）多组分有机纤维

静电纺丝技术不仅可以制备单一组分的纳米纤维，同时还可以制备双组分及多组分聚合物纳米纤维材料。该方法可将具有不同优点的聚合物功能相结合，弥补了单一聚合物在结构或性能上的缺失，同时调节各聚合物的比例还可以提升纳米纤维及其复合材料的力学性能、过滤性能等。目前常用的多组分纤维制备方法有共混静电纺丝、多层和混合静电纺丝、多喷头静电纺丝、同轴静电纺丝等。

云（Yun）等通过静电纺丝技术制备了具有珠状结构的复合纳米纤维膜，其中纳米纤维材料为 PAN，珠粒材料为 PMMA，过滤性能测试结果表明珠状纳米纤维材料的过滤品质因数最高。王（Wang）等利用静电纺丝技术将聚氯乙烯（PVC）/PU 复合纳米纤维沉积在传统的滤纸上，使复合过滤材料对空气中颗粒物的过滤效率提升到了 99.5%。同时，PU 的引入使纤维膜连接形成曲折结构，该结构明显提升了过滤材料的力学性能，其断裂强度为 9.9MPa。方

(Fang) 等使用大豆分离蛋白与 PVA 作为原材料，利用静电纺丝手段将两种材料纺制为复合纳米纤维空气过滤材料，其对粒径小于 2.5μm 的颗粒物过滤效率可达 99.99%，同时这种过滤材料还对大肠杆菌显示出一定的抗菌活性，为新型环保过滤材料的研发提供了新思路。

1.3.3 有机—无机复合纳米纤维膜滤料

为了进一步提升纳米纤维滤料的过滤性能、力学性能及热稳定性能，研究者将无机纳米材料（无机氧化物、金属硫化物、金属、碳材料等）加入高分子聚合物纳米纤维中，制备为有机—无机复合纳米纤维过滤材料，从而提升滤料对微细颗粒物的过滤效果。

李（Li）等将氧化石墨烯（GO）加入 PAN 纤维中，通过静电纺丝方法制备的具有橄榄状串珠结构的 GO/PAN 复合纳米纤维滤料（GOPAN）孔隙率高于 PAN 纳米纤维滤料，GOPAN 滤料对粒径小于 2.5μm 的颗粒物（$PM_{2.5}$）过滤效率达到 99.97%，而阻力仅 8Pa，为空气净化和其他商业应用提供了一种可能性。季（Ji）等将纳米氧化锌（ZnO）和纳米银（Ag）颗粒添加到 PAN 纳米纤维中，ZnO/Ag/PAN 复合纳米材料的过滤性能得到改善；同时 ZnO 和 Ag 分别具有光催化和抗菌特性，因此该复合纳米纤维滤料与单一成分滤料相比，功能更全面。康（Kang）等将沸石添加到静电纺 PVDF 纳米纤维中，研究了含有不同质量分数沸石的 PVDF 纳米纤维薄膜的表面自由能，发现随着沸石浓度的增加，PVDF 薄膜的水接触角呈现减小的趋势，PVDF 薄膜的水接触角为 140°，当沸石质量分数为 5%时，PVDF 水接触角减小到 80°，因此该纳米纤维膜是潜在的疏水除尘滤料。

1.3.4 特殊结构纳米纤维膜滤料

研究者通过调节静电纺丝的工艺参数及设备，得到了更多类型的特殊结构纳米纤维。目前，不仅制备了圆柱实心的纤维，还制备出了螺旋状、多孔状、中空结构、带状结构等纳米级的特殊结构纤维。

王（Wang）等利用静电纺丝技术纺制了具有多孔及串珠结构的 PLA 纳米纤维膜，通过溶剂的组成和 PLA 的浓度可以控制纤维直径、珠粒尺寸、珠粒数及珠粒表面结构，利用平均直径为 260nm 的氯化钠（NaCl）气溶胶来评估其过滤性能，结果表明，适当尺寸的珠粒及纳米孔有助于提升过滤效率。朱（Zhu）等通过静电纺丝制备了仿生蜘蛛网状纳米纤维膜，他们将沸石咪唑骨架晶体材料（ZIF-8）包裹在二氧化硅（SiO_2）纳米纤维表面，珠状的 ZIF-8 纳米晶体增加了膜的比表面积，并提供了带电粒子，这些都有利于进一步提升对颗粒物捕集的效率。王（Wang）和于（Yu）等制备了用于颗粒物过滤的 PVDF/PAN 双层中空纤维，并探索了相对湿度、颗粒物吸湿性和纤维亲水性对纤维膜过滤性能的影响，为基于纳米纤维膜的空气过滤器在不同湿度条件下使用提供了新见解。

尽管纳米纤维膜在室内空气过滤领域得到了广泛的应用，然而其在工业除尘领域并未得到有效使用。室内空气过滤材料多作为一次性材料使用，及时更换材料便可以实现有效的过滤效果。而工业除尘领域使用的滤料需要经过高压气体的喷吹清灰处理，其对纳米纤维膜具有更高的要求。纳米纤维膜与基材滤料复合牢度差以及纳米纤维膜本身力学性能薄弱的缺点，限制了其在工业除尘领域的应用。

1.4 滤料应用于工业除尘领域需解决的关键问题

1.4.1　驻极体滤料

阻力小、对微细颗粒物捕集效率高等优势使驻极体滤料成为常规工业除尘滤料的最佳替代者。然而，驻极体滤料在工业除尘环境中的性能衰减和经济因素制约了其在工业除尘领域的应用，如在工业除尘领域高温、高湿、有机溶剂和高颗粒物浓度的环境中驻极体滤料的过滤效率下降幅度较大。同时工业除尘滤料使用量巨大，而目前驻极体滤料成本较高。当务之急是研发可在工业除尘环境下保持电荷稳定性的驻极体滤料，为实现这个目标需要对以下科学问题进行详细研究。

（1）电荷类型

常规驻极体滤料包含的电荷类型有哪些，只有深入了解驻极体滤料的荷电特性，才能够分析其过滤性能变化规律。

（2）静电性能变化

确定在高温、高湿、高颗粒物浓度、微波辐射、紫外照射、有机溶剂等多种因素作用下驻极体滤料的静电性能变化。明确常规驻极体滤料的电荷衰减机理，才可以有针对性地改善驻极体滤料的电荷稳定性。

(3) 电荷衰减机理

根据常规驻极体滤料的荷电特性以及电荷衰减机理，制定可行的技术方案，研发出不受外界环境因素影响的高稳定性驻极体滤料。

(4) 功能改性

在实现高效率、高稳定性的基础上，通过驻极体滤料自身特性实现具有高附加值的多功能（如传感功能与抗菌性能），以此降低驻极体滤料的成本，同时一体化解决日益复杂的空气污染物。

对于驻极体滤料用于工业除尘领域需要解决的关键问题，本书通过实验和理论分析进行了系统的研究。本书的研究内容和研究结果，对工业烟气中微细颗粒物的控制以及驻极体滤料的未来发展具有重大的科研价值和现实意义。

1.4.2 纳米纤维膜滤料

全球严峻的环境污染情况，特别是微细颗粒物污染问题，给人们的日常生活和身体健康造成了极大威胁。纳米纤维膜滤料是近年来新型滤料研发的热点方向，不同于传统的滤料，纤维尺寸由微米级降低至纳米级，在具备传统纤维滤料性能的同时，还具备比表面积大、孔隙率高、堆积密度可调节等优势，可以更好地提高纤维材料在空气过滤及其他领域的应用性，为高性能滤料的研发提供了更多可能性。近年来，许多研究人员利用静电纺丝技术制备了纳米纤维膜复合滤料，然而纳米纤维膜滤料仍存在一些迫切需要解决的问题。

工业除尘使用的针刺毡滤料多针对全尘设计，其对微细颗粒物的捕集效率并不理想。纳米纤维膜由于其优异的过滤性能可以作为针刺毡滤料潜在的表面膜使用。目前纳米纤维膜不能作为滤料单独使用，需要附着在具有支撑作用的基底材料上。纳米纤维膜与基底材料复合牢度差限制了其在工业除尘领域较为苛刻的环境中的应用。通过传统的覆膜方法可在一定程度上增强纳米纤维膜与基底材料的覆膜牢度，然而其操作工艺不易控制，且处理过程容易破坏纳米纤维膜的结构，导致纳米纤维滤料出现过滤阻力大幅升高、性能发挥不稳定、滤料失效等问题。因此，急需研发在不破坏纳米纤维/纳米纤维膜几何结构的前提下增强纳米纤维膜与基底材料覆膜牢度的覆膜方法。

第2章

驻极体滤料初始过滤性能及其荷电特性研究

电晕放电方法因具有装置简单、驻极效率高、工业化程度高等诸多优点，在驻极体滤料实际生产和科学研究中都是重要的一种驻极方法。电晕放电方法适合各种驻极体滤料原材料的驻极处理，且改变电压、针电极到滤料距离、环境温度、驻极时间等参数会直接影响驻极体滤料的性能。通过分析各参数对驻极体滤料性能的影响可以深入研究驻极体滤料的驻极特性。因此本章选用多种原材料进行电晕放电驻极处理，从不同驻极参数对荷电特性的影响以及材料自身结构两方面分析滤料驻极后过滤性能的变化规律。驻极体滤料的静电性能与其过滤效率直接相关，本章中所述的驻极体滤料过滤性能包括其静电性能、过滤效率、阻力等多个方面。

2.1 实验材料及实验方法

2.1.1 实验材料

选用的驻极体滤料原材料为用于工业烟尘捕集的袋除尘用针刺毡滤料，具体包括：涤纶（PET）滤料、芳纶滤料、PTFE 覆膜滤料、聚酰亚胺（P84）滤料、聚苯硫醚（PPS+PTFE）复合滤料。几种滤料的基本参数见表 2-1。

表 2-1　驻极体滤料原材料基本参数

参数	PET 滤料	芳纶 滤料	PTFE 覆膜滤料	P84 滤料	PPS+PTFE 复合滤料
克重/(g/m^2)	548	580	834	667	652

续表

参数	PET 滤料	芳纶 滤料	PTFE 覆膜滤料	P84 滤料	PPS+PTFE 复合滤料
厚度/mm	2.13	2.70	0.95	1.72	1.16
透气率/[m^3/(m^2 · min)]	9.06	10.91	2.47	2.21	5.90
击穿电压/kV	18	18	17	16	15

2.1.2 驻极体滤料制备方法及性能测试

2.1.2.1 驻极体滤料制备方法

实验采用的电晕驻极装置为自行设计的可调控滤料驻极装置。装置示意图如图 2-1 所示，该电晕驻极装置包括：控温加热装置、高压电装置、冷却装置和保护装置。针电极相对板电极可滑动，针电极与板电极之间为滤料驻极空间，直流电源与针电极连接，板电极接地。具体操作过程为：将待驻极的驻极体滤料原材料放置在板电极上，关闭绝缘保护罩；设置预热温度（如需要），调整针电极与滤料之间的距离，打开高压电源并设置为选定的电压值；达到预定驻极时间后，关闭高压电源，启动换气风机，打开保护罩，同时使用接地导电棒释放残余电荷；取出驻极体滤料用于后续实验。当需要高温驻极时，达到预定驻极时间后首先关闭控温加热装置，启动降温风机，当温度降至室温时关闭高压电源，其他步骤与前文所述一致。

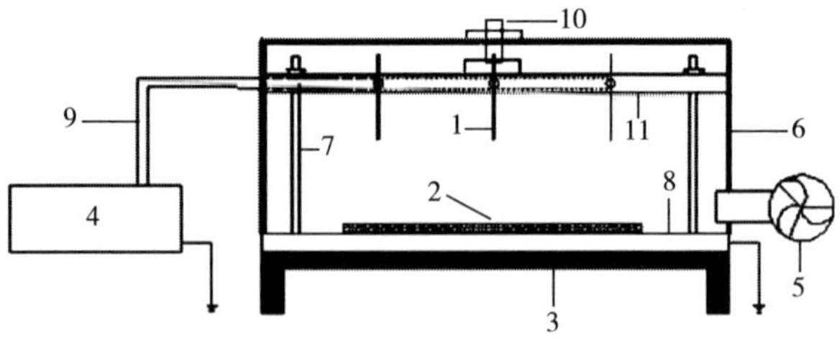

图 2-1 电晕驻极装置示意图

1—针电极 2—过滤材料 3—控温加热装置 4—直流高压电源 5—降温风机
6—绝缘罩 7—支撑杆 8—板电极 9—高压线 10—丝杠传动装置 11—绝缘板

2.1.2.2 驻极体滤料性能测试

通过测试滤料的过滤效率和静电性能，表征不同参数下制备的驻极体滤料的性能变化规律，其中过滤效率测试装置如图 2-2 所示。

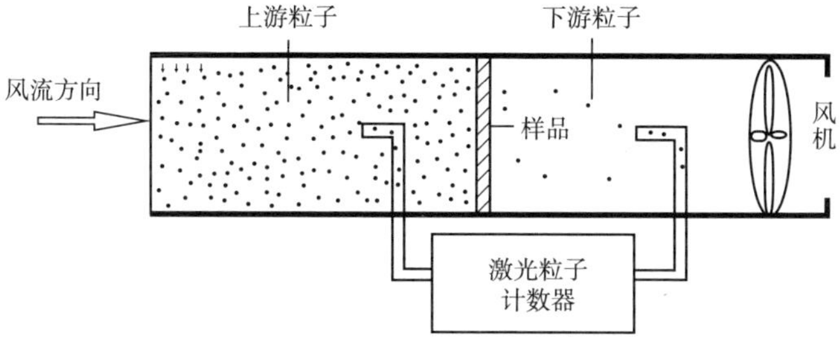

图 2-2　过滤效率测试装置示意图

采用 TSI 9306 激光粒子计数器分别测量样品上游和下游单位体积内颗粒物浓度，通过转子气体流量计控制风速，实验风速为 1.7m/min。过滤效率计算式如下：

$$f=\frac{C_u-C_d}{C_u}\times 100\% \tag{2-1}$$

式中：f 为过滤效率；C_u 和 C_d 为上、下游单位体积内颗粒物浓度。

驻极体滤料的静电性能测试包括表面电荷量测试和表面电势测试，表面电荷量使用法拉第筒测量，表面电势通过美国 Monroe 244A 静电测试仪测量，使用的仪器均为商业标准仪器。

2.2 驻极体滤料静电和过滤性能的影响因素

2.2.1　材料种类

通过图 2-1 所示装置对 PET 滤料、芳纶滤料、PTFE 覆膜滤料、P84 滤料、PPS+PTFE 复合滤料进行驻极处理。表面电荷量可以体现滤料的静电吸附性能，因此首先通过表面电荷量的比较筛选适合驻极体滤料的原材料。表面电荷量由法拉第筒测得，实验中测量表面电荷量使用的样品面积为 $0.01m^2$。图 2-3 所示为 5 种原材料经驻极电压 15kV，极间距离 2cm，驻极时间 10min 的条件处理，并于室内环境（温度 25℃，相对湿度 30%～50%）静置 24h 后所带电荷量。PTFE 覆膜滤料表面电荷量提升最大，P84 滤料次之，

PPS+PTFE 滤料增幅较小，PET 滤料和芳纶滤料表面电荷量无明显变化。5 种滤料表面电荷量提升幅度排序为 PTFE 覆膜滤料>P84 滤料>PPS+PTFE 复合滤料>PET 滤料=芳纶滤料。

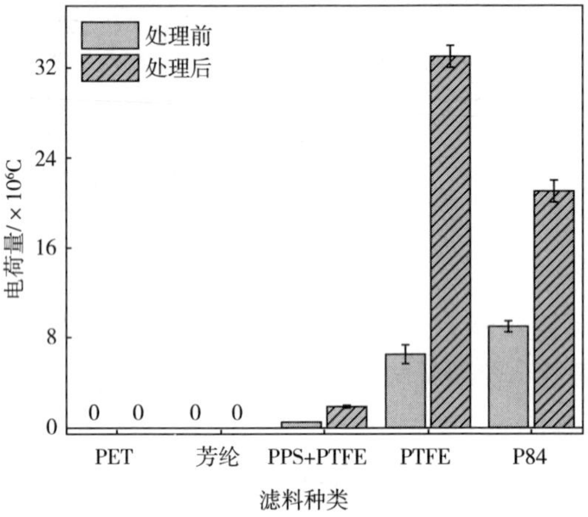

图 2-3 5 种滤料驻极处理后所带表面电荷量

过滤效率是衡量滤料性能最重要的指标。为避免滤料表面的残余电荷影响滤料驻极效果的分析，将驻极处理后的滤料暴露于室内环境（温度 25℃，相对湿度 30%~50%）24h，然后进行过滤效率的首次测量，并在 1 周、1 个月两个时间节点对滤料进行过滤效率测试，结果如图 2-4 所示。驻极前后芳纶滤料与 PET 滤料的过滤效率无显著变化，与驻极处理之前的过滤效率基本一致。P84 滤料对 0. 3μm、0. 5μm、1μm、2. 5μm 粒径颗粒物的过滤效率分别提升了 4. 5%、2. 5%、1. 3%、0. 1%，1 周后过滤效率没有显著变化，1 个月后过滤效率分别降低了 1. 0%、0. 5%、0. 2%、0. 4%。PTFE 滤料对相应粒径颗粒物的过滤效率提升幅度分别为 6. 32%、2. 94%、1. 31%、0. 37%，1 个月后降幅分别为 0. 9%、0. 56%、0. 33%、0. 32%。PPS+PTFE 复合滤料的过滤效率提升也很明显，但提升幅度小于 PTFE 滤料，其过滤效率衰减规律与 PTFE 滤料相似。

综上所述，通过电晕放电法制备的驻极体滤料中，PTFE 滤料表现出更强的极化强度以及更高的过滤效率，因此选用 PTFE 滤料作为介质进行更深入的研究。

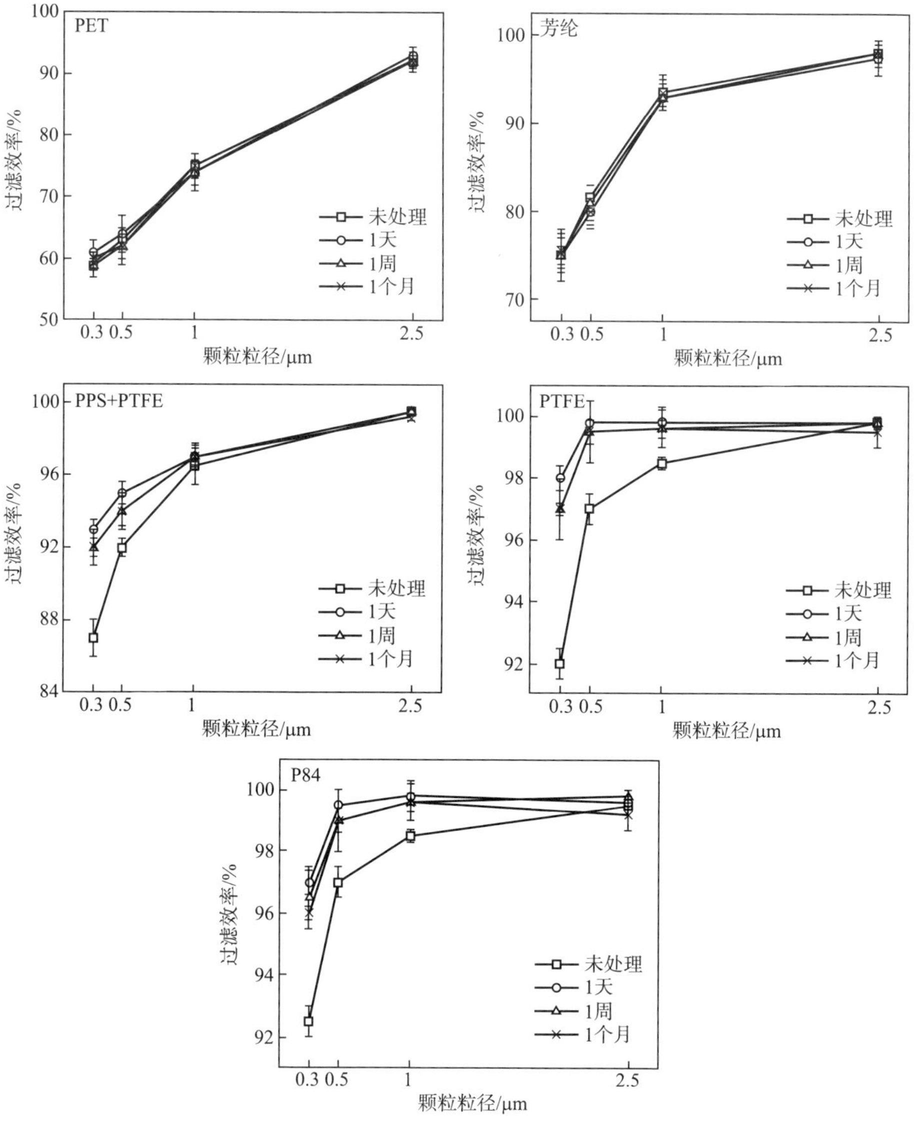

图 2-4　驻极处理后 5 种滤料对 0.3~2.5μm 颗粒物的过滤效率及其随时间变化规律

2.2.2　驻极参数

以 PTFE 滤料为介质，对电晕放电法制备驻极体滤料过程中各参数的影响进行研究。选用的参数范围为：驻极电压 5~15kV，极间距离 1.5~3.5cm，驻极时间 20~180min。

2.2.2.1 驻极电压

极间距离为 2cm，驻极时间为 20min 条件下，分别使用 5kV、7.5kV、10kV、12.5kV、15kV 电压对 PTFE 滤料样品进行驻极处理，驻极前后驻极体滤料对 0.3μm 颗粒物的过滤效率如图 2-5 所示。随着电压的升高，相应驻极体滤料的过滤效率呈明显的递增趋势。5kV 时对 0.3μm 颗粒物过滤效率由（96.60±0.05)%提升至（97.70±0.04)%，电压增加到 15kV 时，过滤效率提升至（99.30±0.03)%。在滤料击穿电压范围内，驻极体滤料的驻极效果通过过滤效率表征，随着驻极电压的升高，过滤效率增强。

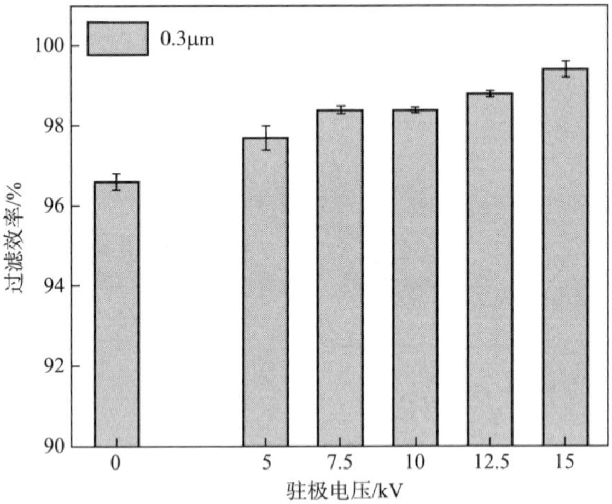

图 2-5　不同驻极电压处理后 PTFE 驻极体滤料对 0.3μm 颗粒物的过滤效率

2.2.2.2 极间距离

当驻极电压为 15kV，驻极时间为 20min 时，极间距离分别设定为 1.5cm、2cm、2.5cm、3cm、3.5cm 对 PTFE 滤料样品进行驻极处理，驻极前后驻极体滤料对 0.3μm 颗粒物过滤效率如图 2-6 所示。结果表明，极间距离越小，驻极体滤料的过滤效率越高，即驻极效果越好。实验过程中发现，相同电压下，极间距离过小容易造成滤料电击穿。电介质材料荷电的电荷密度受到其本身内外击穿电场限制，内部击穿效应取决于材料的介电强度，外部击穿则取决于接近样品自由面的电极间气隙电场和电极几何形状等因素。当材料和驻极方法确定，改变电压和极间距离都是对气隙电场的调整。因此仅从驻极后过滤性能方面考虑，1.5cm 为最佳极间距离；从过滤性能和驻极体滤料制备成功率两方面综合考虑，2cm 为最优极间距离。

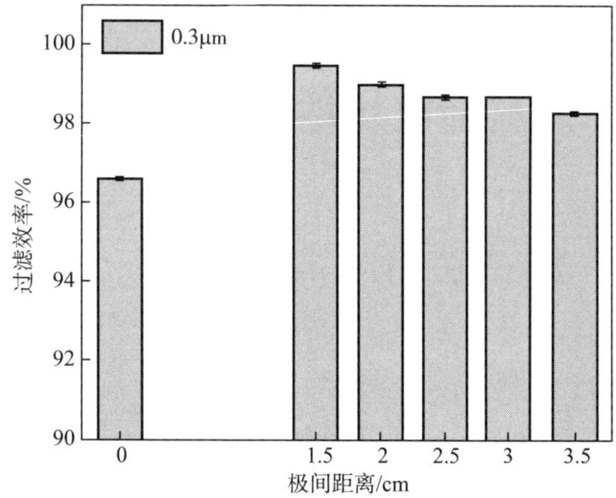

图 2-6　不同极间距离处理后 PTFE 滤料样品对 0.3μm 颗粒物的过滤效率

2.2.2.3　驻极时间

当驻极电压为 15kV，极间距离为 2cm 时，驻极时间分别设定为 20min、40min、60min、120min、180min，对 PTFE 滤料样品进行驻极处理，驻极前后驻极体滤料对 0.3μm 颗粒物过滤效率如图 2-7 所示。驻极时间为 20min 时，驻极体滤料过滤效率提升至（97.72±0.05）%。驻极时间为 180min 时，驻极体滤料过滤效率提升至（99.27±0.04）%。驻极时间越长，驻极体滤料过滤性能提升越明显。这是因为延长充电时间可以使电荷更充分地注入内部纤维中，提高滤料整体电荷量和表面电荷均匀性，从而显著提升滤料过滤效率。在实验研究的参数范围内，180min 为最优驻极时间。

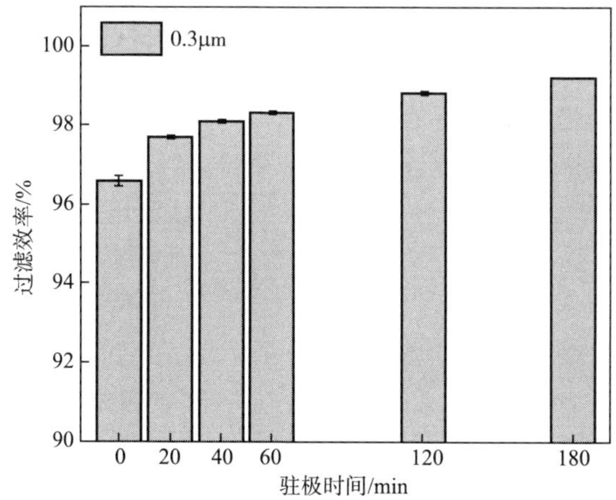

图 2-7　不同驻极时间处理后 PTFE 滤料样品对 0.3μm 颗粒物的过滤效率

2.3 驻极体滤料荷电特性理论分析

2.3.1 不同原材料的驻极体滤料荷电特性

不同电介质材料极化强度可通过理论分析解释。现假设真空中有一对平行的、距离为 d 的金属板（$d<l$），金属板上自由电荷密度为 $\sigma_{自由}$，真空介电常数为 ε_0，示意图如图 2-8（a）。

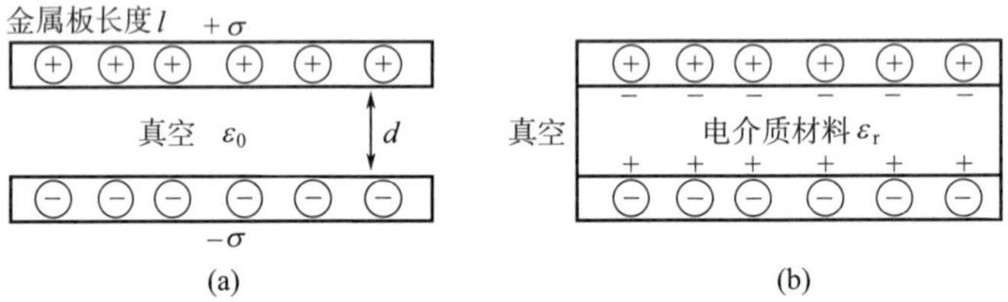

图 2-8　真空中电介质材料极化示意图

自由电荷产生的电场 $E_{自由}$：

$$E_{自由}=\frac{\sigma_{自由}}{\varepsilon_0} \tag{2-2}$$

两金属板间由自由电荷产生的电势差 $V_{自由}$：

$$V_{自由}=E_{自由}d \tag{2-3}$$

此时，在两金属板间填充一均匀的电介质材料［图 2-8（b）］，因为填充的电介质材料是不导电的，金属板上的自由电荷不发生变化，即 $E_{自由}$ 不发生变化。而两金属板之间的电场在填充电介质材料后实际情况是减小的，这是因为电介质材料与金属板接触处产生感应电荷，感应电荷产生与 $E_{自由}$ 方向相反的电场 $E_{感应}$。假设感应电荷密度为 $\sigma_{感应}$，则感应电荷产生的电场 $E_{感应}$ 为：

$$E_{感应}=\frac{\sigma_{感应}}{\varepsilon_0} \tag{2-4}$$

感应电荷产生的电势差 $V_{感应}$ 为：

$$V_{感应}=E_{感应}d \tag{2-5}$$

观测到的减小后电场为自由电荷产生电场与感应电荷产生电场的叠加，考虑到电场方向，净电场 $\boldsymbol{E}_{合}$ 为：

$$\boldsymbol{E}_{合}=\boldsymbol{E}_{自由}+\boldsymbol{E}_{感应} \tag{2-6}$$

电介质材料产生的感应电荷电性与自由电荷是相反的，因此自由电荷产生电场与感应电荷产生电场的方向总是相反，净电场在数值上 $E_{合}$ 为：

$$E_{合}=E_{自由}-E_{感应} \tag{2-7}$$

假设感应电荷为自由电荷的 b 倍（$0<b<1$），即：

$$\sigma_{感应}=b\sigma_{自由} \tag{2-8}$$

根据式（2-2）、式（2-4）、式（2-7）、式（2-8），可得：

$$E_{合}=(1-b)E_{自由} \tag{2-9}$$

设 $1-b=1/K$，则：

$$E_{合}=\frac{E_{自由}}{K} \tag{2-10}$$

式（2-10）的含义为，当在两金属板间填充电介质材料，两金属板间电场以 $1/K$ 为系数减小。K 表征了电介质材料减弱外部电场的能力，这与电介质材料介电常数的意义一致，实际上 K 即电介质材料的介电常数。根据式（2-3）、式（2-5），可得 $V_{合}$：

$$V_{合}=E_{合}\ d \tag{2-11}$$

在两金属板间施加一个电压 V（即 $V_{合}$ 不变），d 保持不变，根据式（2-11），$E_{合}$ 是不变的。在以上条件下，改变金属板间的电介质材料，则 K 是变化的，根据式（2-10），$E_{合}$ 不改变，则 $E_{自由}$ 随着 K 的增减而增减。根据式（2-2），$E_{自由}$ 仅与金属板上的电荷密度有关，因此得出一个结论：恒定电压下，两金属板间的电介质材料介电常数越大，金属板上的自由电荷密度 $\sigma_{自由}$ 越大。电介质材料的极化强度 P 用其表面感应电荷密度 $\sigma_{感应}$ 来表示，根据式（2-8），$\sigma_{感应}$ 与 $\sigma_{自由}$ 正相关，即：

$$P=b\sigma_{自由}(0<b<1) \tag{2-12}$$

结合式（2-2）、式（2-10）、式（2-12），可以解释不同介电常数电介质材料的驻极过程：当施加的驻极电压 V 保持不变，电介质材料的介电常数越大，电极上需要弥补电场减弱的自由电荷密度越大，电介质材料表面产生的感应电荷密度越大，即电介质材料的极化强度越大。因此电介质材料的极化效果与其介电常数有关，本文中使用的 PTFE、P84、PET 三种滤料的介电常数大小排序为 PET 滤料>P84 滤料>PTFE 滤料，这与实验中观察到的三种聚合物的表面电荷量和过滤效率大小关系相矛盾。这是因为以上分析仅考虑了电介质材料感应电荷的极化强度，电晕放电法制备驻极体滤料时滤料处于非真空环境、非均匀电场中，因此滤料最终表现出的极化效果 P_F 由两部分组成：

$$P_F = P + P_c \tag{2-13}$$

式中：P 为上述讨论的电介质材料感应电荷的极化强度；P_c 为沉积在滤料上空气电离产生电荷表现出的极化强度，类比于 P 的定义，其在数值上等于沉积电荷密度。

电晕放电法制备驻极体滤料过程中滤料表面电荷分布示意图如图 2-9 所示。

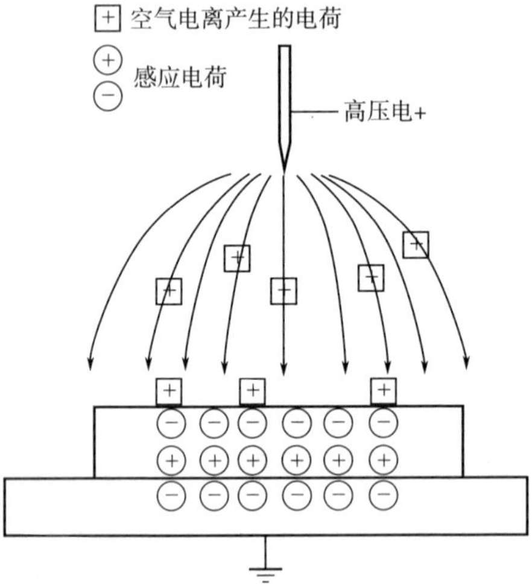

图 2-9　电晕放电法制备驻极体滤料过程中滤料表面电荷分布示意图

沉积在滤料表面的电荷与材料感应电荷电性相反，因此 P 与 P_c 之间是相互抵消的关系，且根据大量的实验结果，滤料极化后表面电性与施加电压极性一致，因此沉积电荷密度大于感应电荷密度。假设沉积电荷密度为 σ_C，根据式（2-12）和式（2-13），滤料最终表现出的极化效果 P_F 为：

$$P_F = P_c - P = \sigma_C - \sigma_{感应} \tag{2-14}$$

沉积电荷密度 σ_C 与外部电场强度、驻极时间、空气介质相关，在本小节中，材料种类是唯一变量，因此 σ_C 是一个常数。电晕放电法制备驻极体滤料时，电介质材料的介电常数越大，产生的感应电荷密度越大，极化强度越小。通过图 2-4 可知，自行制备的驻极体滤料在初期过滤效率随着时间推移有下降趋势，这说明时间是影响驻极体滤料极化强度的原因之一。

2.3.2　不同驻极参数的驻极体滤料荷电特性

在电晕放电法中，充电电压升高，空气被电离得更充分，荷电粒子更易落在纤维表面及纤维的微结构处。随着极间距离的减小，气隙电场增强，取向极化更加明显；驻极处理是一个过程，在滤料贮存电荷达到饱和之前，驻极时间越长，滤料表面电荷密度越高，纤维微结构捕获电荷量越大。综上，在本书提供的驻极参数范围内，合理调整电压、极间距离、充电时间可以增强驻极效果，进而提高驻极体滤料过滤效率。

驻极参数对驻极体滤料性能影响的内在机理是本节讨论的重点。首先针对电压的影响进行分析，根据 2.4.1 中的分析，电晕放电方法中驻极体滤料的极化强度为沉积电荷密度 σ_C 与感应电荷密度的差值。由富雷—诺特海姆（Fowler-Nordheim）场致发射公式，在外电场 E 作用下，电晕放电的电流密度 J 为：

$$J=AE^2\mathrm{e}^{-\frac{B}{E}} \tag{2-15}$$

式中：A 和 B 是与发射体（针电极材料）功函数有关的常数。

电流密度与电荷密度关系为：

$$J=\sigma_C v \tag{2-16}$$

式中：v 为电荷流速。

由式（2-15）和式（2-16）得：

$$\sigma_C=\eta\frac{AE^2\mathrm{e}^{-\frac{B}{E}}}{v} \tag{2-17}$$

式中：η 为电晕放电产生的电荷沉积在滤料上的比例系数，$0<\eta<1$。

同时，电场强度 E 与电压 V 之间存在一个转换系数 β，关系式为：

$$E=\beta V \tag{2-18}$$

将式（2-17）、式（2-18）代入式（2-14）可得驻极体滤料最终极化强度：

$$P_F=V\left(\eta A\beta^2\mathrm{e}^{-\frac{B}{\beta V}}-\frac{\varepsilon_0 Kb}{d}\right) \tag{2-19}$$

根据式（2-19），随着施加电压 V 的增加，驻极体滤料的极化强度增强，这与本书实验观察到的结果一致。

为分析极间距离的影响，引入等量异种电荷电场模型，以及点电荷与金属板间的电场模型，如图 2-10（a）所示。等量异种电荷之间，距点电荷 A

距离 x 处任意一点 C 的电场强度 E_C 为：

$$E_C=E_A+E_B=\frac{kQ}{x^2}+\frac{kQ}{(l-x)^2} \tag{2-20}$$

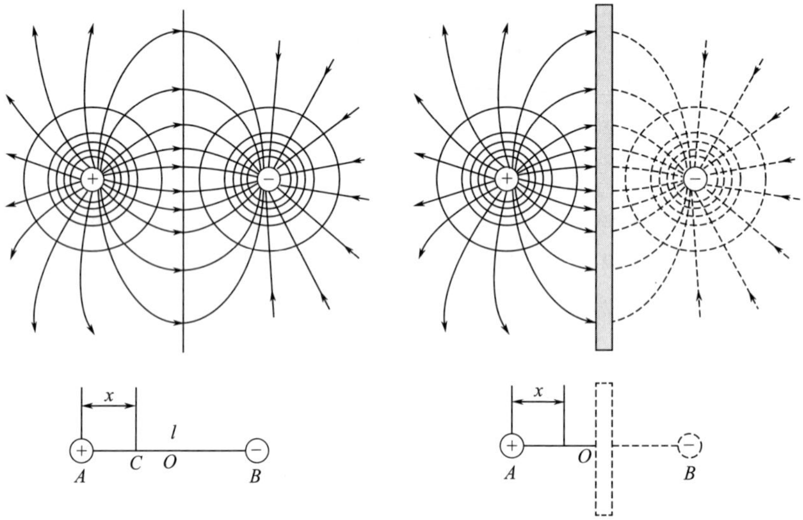

(a)等量异种电荷电场模型　(b)点电荷到金属板电场模型

图 2-10　电场模型

电晕放电制备驻极体滤料过程中，针电极与金属板电极间的电场类似于点电荷到金属板间的电场。对于点电荷到金属板间的电场，镜像的等量异种电荷不存在，但金属板内会产生等量的感应电荷，因此可以将点电荷到金属板间的电场等效看作是等量异种点电荷中点处电场强度［图 2-10（b）］，即 $x=l/2$ 的情况，此时电场强度为：

$$E_C=\frac{8kQ}{l^2} \tag{2-21}$$

根据式（2-2）、式（2-8），电介质材料在电场 E_C 作用下的感应电荷密度 $\sigma_{感应}$（即材料感应电荷的极化强度 P）为：

$$\sigma_{感应}=b\varepsilon_0E_C \tag{2-22}$$

相应地，电晕放电产生的电荷密度 σ_C（沉积电荷表现出的极化强度 P_c）为：

$$\sigma_C=\eta\frac{AE^2e^{-\frac{B}{E_C}}}{v} \tag{2-23}$$

根据式（2-14）、式（2-21）、式（2-22）及式（2-23），极间距离 l 越

大，电场强度越小，驻极体滤料极化强度越弱，这与实验观察到的结果一致。

在分析驻极时间的影响时，将针电极、滤料、金属板看作电容器，如图 2-11 所示。

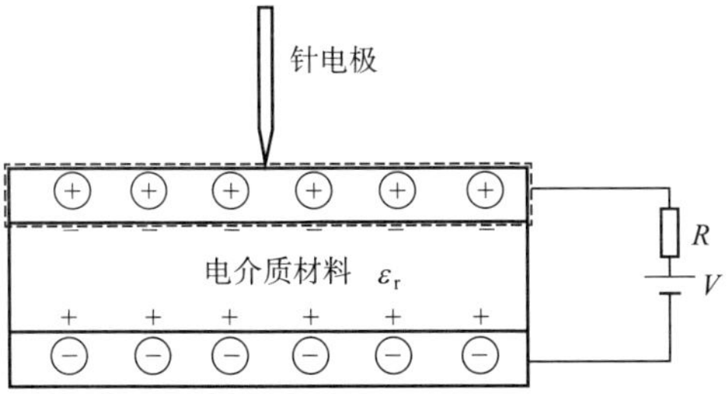

图 2-11　驻极体滤料驻极原理示意图

因此，滤料的驻极过程就是一个电压为 V 的电源对厚度为 d、介电常数为 ε_r、面积为 1 的电容器充电的过程。因此可以得到如下公式：

$$C=\frac{\varepsilon_r}{d} \tag{2-24}$$

$$V_t=V\cdot\left(1-e^{-\frac{t}{RC}}\right) \tag{2-25}$$

式中：C 为电容；R 为系统电阻。

V_t 为任一时刻 t，电容器两端的电压，式（2-25）是电容器的充电计算公式，随着时间 t 的增加，电容器中电荷密度增加，两端电压随之增加。式（2-25）代表的电容器充电曲线如图 2-12（a）所示，可以预测滤料驻极过程中，随着驻极时间的延长，滤料表面及纤维微结构处储存的电荷量增大，滤料的极化强度增加，而增强速率逐渐变小。实验中观测到的滤料极化效果

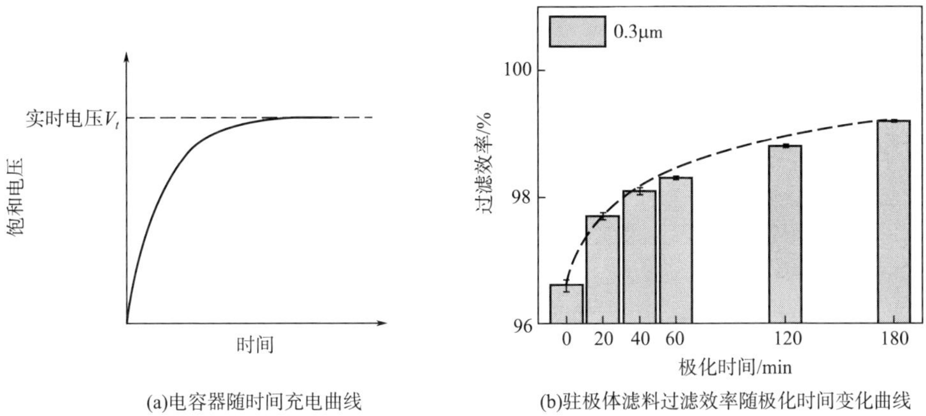

(a)电容器随时间充电曲线　(b)驻极体滤料过滤效率随极化时间变化曲线

图 2-12　电容器随时间充电曲线与驻极体滤料过滤效率随极化时间变化曲线对比图

与分析一致：随着驻极时间的延长，驻极体滤料的过滤效率逐渐升高，但是过滤效率的增长速率逐渐减小［图 2-12（b）］。因此，将滤料的驻极过程等效为电容器充电过程可以有效地分析驻极过程中滤料电荷密度的变化规律。除以上结论外，还可以预测延长驻极时间不能无限制增强驻极体滤料的极化强度，这也与本书以及其他类似研究中报道的结果一致。

2.4 本章小结

本章对电晕放电法制备驻极体滤料过程中，原材料、驻极电压、极间距离、驻极时间对驻极体滤料过滤性能的影响进行了详细的实验研究。实验结果表明，在常用滤料中，PTFE 驻极体滤料过滤性能最好，其极化强度随着电压升高而增强，随着极间距离增加而减小，随着驻极时间延长而增强，但增强速率随着时间延长而减小。同时，基于电介质材料驻极机理和针—板电极电场特性，针对电晕放电法制备的驻极体滤料建立了过程参数理论分析模型，模型可以很好地解释电压、极间距离、驻极时间对驻极体滤料极化强度的影响。分析表明，电晕放电法制备的驻极体滤料包含的电荷类型为感应电荷与沉积电荷，驻极体滤料最终极化强度由二者共同决定。本章得到的结论以及提出的模型，对电晕放电法制备驻极体滤料积累了基础的实验数据，为理论分析各个驻极参数对极化强度的影响提供了新思路。

第3章

驻极体滤料电荷衰减机理研究

第 2 章详细研究并分析了多种因素对驻极体滤料初始过滤性能的影响，为高性能驻极体滤料的研制奠定了基础。滤料是需要长时间使用的产品，其使用寿命短则数月，长则几年。因此，与驻极体滤料初始过滤性能同等重要的是其在较长使用周期内电荷的稳定性。对于各个领域使用的驻极体滤料，可能影响其电荷稳定性的因素包括使用时间、湿度、温度、紫外线、微波辐射、有机溶剂、粉尘层等。在这些影响因素作用下，对驻极体滤料的稳定性进行实验研究和理论分析可以指导如何存储、使用驻极体滤料，需要在哪些方面提升驻极体滤料的性能，以及怎样提升驻极体滤料的性能及稳定性。对此，本章进行了详细的实验研究和理论分析。为深入研究驻极体滤料电荷衰减的影响因素，以及再生时静电性能和过滤性能的变化，除将第 2 章中进行详细研究的 PTFE 驻极体滤料继续作为研究对象外，同时选取驻极效果较好的口罩驻极体滤料进行研究。口罩驻极体滤料的驻极效果在目前所有的驻极体滤料中处于较高水平，因此以口罩驻极体滤料作为研究对象，对研究工业环境下物理、化学因素对驻极体滤料电荷衰减的影响具有重要意义。

3.1 实验材料及实验方法

3.1.1 实验材料

为更深入地研究驻极体滤料电荷衰减的机理，以 PTFE 驻极体滤料和驻极效果较好的口罩驻极体滤料两种滤料作为研究对象。

使用的 PTFE 驻极体滤料基本参数如下：克重 758.05g/m^2，厚度 1.2mm，平均纤维直径 26μm，孔隙率 70%，极化后初始表面电位 1900V。选用的口罩驻极体滤料是瑞士 UVEX 公司生产的三个级别过滤口罩，分别为 FFP1、FFP2、FFP3，以及一种外科防护口罩（Foliodress，type Ⅱ），四种口罩驻极体滤料基本参数见表 3-1。

表 3-1　四种口罩驻极体滤料基本参数

口罩级别	FFP1	FFP2	FFP3	外科防护口罩
过滤材料	熔喷聚丙烯	熔喷聚丙烯	熔喷聚丙烯	熔喷聚丙烯
整体质量/g	14	14	15	8
符合标准	EN149:2001 +A1:2009	EN149:2001 +A1:2009	EN149:2001 +A1:2009	EN 14683:2019
阻力/Pa	210	240	300	—
初始表面电势/V	1094±246	1415±284	1548±343	265±34

3.1.2　驻极体滤料处理方法及性能测试

3.1.2.1　驻极体滤料再生处理方法

选用微波辐射、紫外线照射、高温蒸汽和 75%乙醇浸泡四种常用的灭菌方法对驻极体滤料进行处理，具体实验方法与参数见表 3-2。

表 3-2　灭菌处理方法及实验参数

方法	实验条件及参数
微波辐射	将样品放在塑料盘中，置于家用微波炉（型号 Wave 300，米奥之星，瑞士）的玻璃转盘上，输出功率设置为 400W；处理时间包括：4min×1 轮，4min×2 轮，5min×2 轮，5min×4 轮，5min×6 轮；每一轮结束后，待玻璃转盘冷却后再进行下一轮
紫外线照射	在生物实验操作柜中放置紫外灯（型号 BVL-315. G，波长 254nm，维尔伯・卢尔马特，法国）。处理时间包括：5min（126mJ/cm^2），10min（252mJ/cm^2）和 15min（378 mJ/cm^2）
紫外线照射+微波辐射	紫外线照射时间：5min（126 mJ/cm^2）；微波辐射（输出功率 400W）时间：4min×1 轮，4min×2 轮，4min×3 轮
高温蒸汽	酒精灯加热烧杯中蒸馏水至沸腾，用一金属网承载滤材样品并置于蒸汽之上，处理时间包括 30min、60min 和 90min。蒸汽处理后的样品放置在生物实验操作柜中充分干燥
75%乙醇浸泡	滤材样品浸泡于 75%乙醇液体中 2min 后取出，放置在生物实验操作柜中充分干燥

3.1.2.2　驻极体滤料容尘系统

被捕获颗粒物形成的颗粒层对驻极体滤料产生的影响较为显著，对此本章模拟实际应用中颗粒物沉积过程，设置了高度可控的滤料容尘系统，如图 3-1 所示。粉尘分散器（RGB1000）将道路尘 A2 细粉尘充分分散，碳烟发生器（miniCAST 5201C）产生碳烟颗粒，两种颗粒物单独或按照设定比例混合，经过 Kr-85 静电中和器后进入夹有驻极体滤料的滤料夹具。A2 细粉尘和碳烟的浓度以及粒径分布分别由空气动力学粒径仪和扫描迁移率粒度仪监测，通过监测结果可实时调控两种颗粒物的浓度，减小实验误差。通过滤料的风量由质量流量控制仪控制，具体风量根据实验要求动态调整。

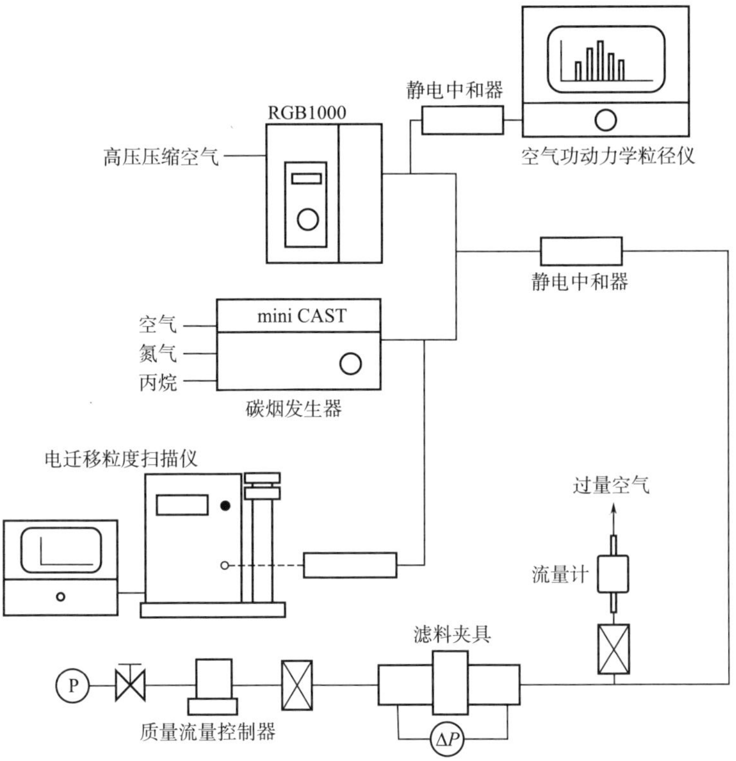

图 3-1　驻极体滤料容尘系统示意图

实验中使用的碳烟颗粒由瑞士京氏气溶胶设备公司（Jing AG）生产的 miniCAST 5201C 碳烟发生器提供，该碳烟发生器利用的基本原理是碳氢燃料不完全燃烧产生碳烟，通过使用扩散火焰或是预混火焰，产生真实的燃烧碳黑气溶胶颗粒。miniCAST 5201C 的工作参数见表 3-3，实验中产生的碳烟颗粒粒径分布及浓度如图 3-2 所示。

表 3-3　碳烟发生器 miniCAST 5201C 工作参数

参数	指标
颗粒种类	燃烧产生的烟尘颗粒
颗粒尺寸	20～200nm
颗粒浓度上限	108 个/cm^3
烟气排放流速	30L/min(1.8m^3/h)
输出质量浓度	20mg/h(30nm)～550mg/h(200nm)
气溶胶温度	80～140℃
准确度	5%(质量浓度与数量浓度)
重复性	±5%
氧化/稀释空气	空气/氮气
燃料需求	丙烷
气体供应	外部供应
电源要求	115/220V
仪器尺寸(长×宽×高)	30cm×15cm×20cm
质量	5kg

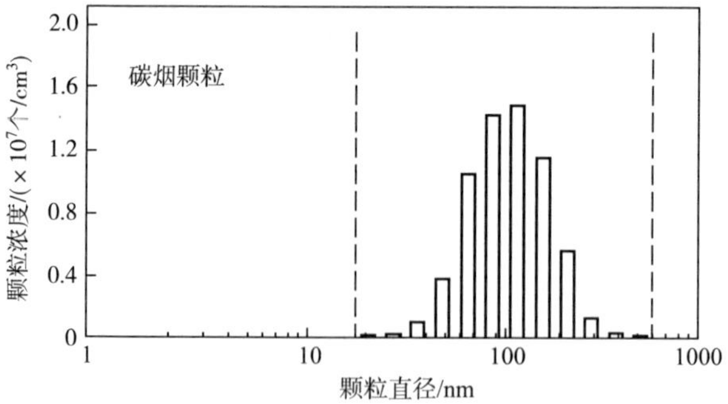

图 3-2　碳烟颗粒粒径分布及浓度

实验中使用的道路尘满足 ISO 12103-1 规定的 A2 细尘（美国粉末技术公司）标准，其物质组成包括 SiO_2、Al_2O_3、Fe_2O_3、Na_2O、CaO、MgO、TiO_2、K_2O。A2 细尘由德国 PALAS 生产的固体颗粒分散仪 RBG 1000 供应到测试系统中，实验中测得的 A2 细尘粒径分布及浓度如图 3-3 所示。

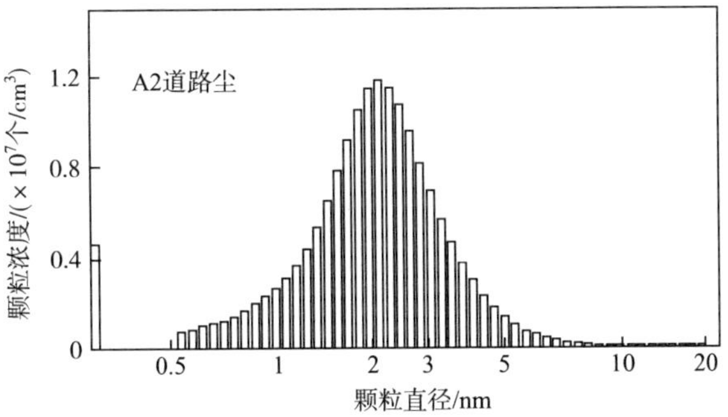

图 3-3 道路尘 A2 细尘粒径分布及浓度

3.1.2.3 驻极体滤料过滤性能测试

驻极体滤料过滤性能测试包括表面电势测试、阻力测试和过滤效率测试，通过比较驻极体滤料过滤性能的变化可以评估各参数对其稳定性的影响。本书中其他章节涉及的驻极体滤料过滤性能测试均按本小节中叙述的方法进行。

驻极体滤料表面电位测试装置示意图如图 3-4 所示，驻极体滤料测试样品放置在接地的金属台上，利用静电测试仪（Monroe 244A）测量样品的表面电位。测试探头距离样品表面距离为 5mm，每个参数下（每种样品）测试三个样品，每个样品测试五个不同点并取平均值。

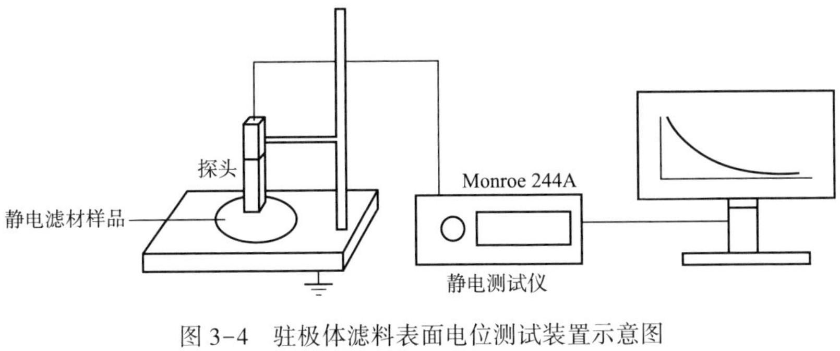

图 3-4 驻极体滤料表面电位测试装置示意图

纳米级颗粒物过滤效率测试中使用的颗粒物是 NaCl 颗粒。NaCl 颗粒由美国 TSI 公司生产的 3079A 雾化器产生，所用 NaCl 溶液浓度范围为 0.1%~2%。图 3-5 为 0.5%NaCl 溶液经雾化器产生的多分散颗粒物粒径分布，其他浓度

NaCl 溶液产生的颗粒物粒径分布在具体章节中有详细说明。

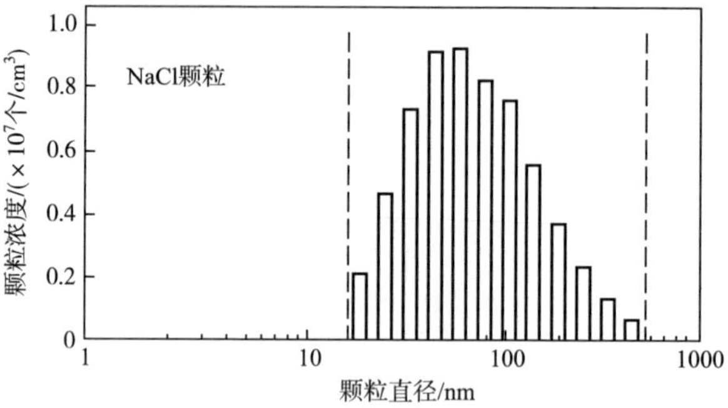

图 3-5　容尘测试中使用的 NaCl 颗粒粒径分布及浓度

微米级颗粒物过滤效率测试中使用的颗粒物是 PSL 塑料颗粒。PSL 塑料颗粒均为单分散的颗粒悬浮液，通过美国 TSI 公司生产的 3079A 雾化器产生并供应到测试系统中。本书中涉及的 PSL 颗粒物为 1μm 和 2μm 两种，厂家提供的 PSL 悬浮液基本参数见表 3-4。

表 3-4　1μm 和 2μm PSL 颗粒悬浮液参数

指标	1μm PSL 颗粒悬浮液	2μm PSL 颗粒悬浮液
平均直径/μm	1	2
固体含量(质量体积分数)/%	2.5	2.5
方差/%	3	5
颗粒浓度/(个/mL)	4.55×10^{10}	5.68×10^{9}

实验中测得的 PSL 颗粒物粒径分布及浓度如图 3-6 所示。

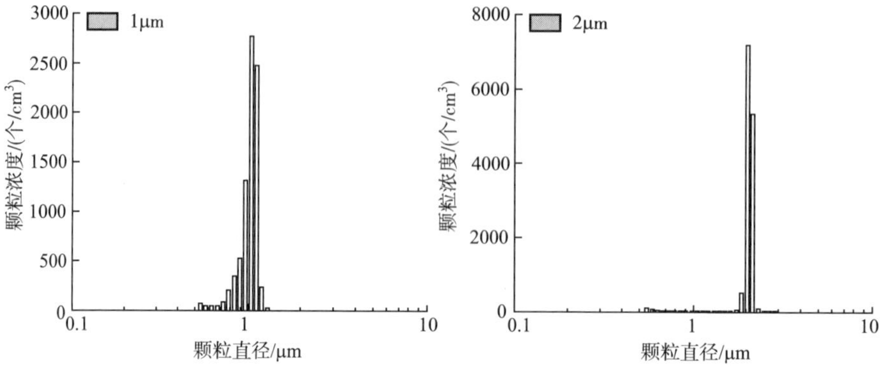

图 3-6　PSL 颗粒物粒径分布及浓度

过滤效率测试系统示意图如图 3-7 所示（图 3-8 为测试系统实际装置），驻极体滤料在 5.3cm/s 风速下的阻力通过压差计（OMEGA PX409-10WDWUUSBH）测量。具体测试步骤为：多分散 NaCl 颗粒通过雾化器 TSI 3079A 产生，经过干燥器后的多分散颗粒通过静电中和器 Kr-85 消除静电荷，使颗粒服从玻尔兹曼分布。中和后的颗粒被微分电迁移率分析仪 TSI 3081 筛分为单分散的颗粒，选定的单分散颗粒直径为 50～1000nm。被筛分出的单分散颗粒再次经过静电中和器 Kr-85 中和。滤料样品上下游颗粒物的浓度分别被两个凝结核粒子计数器（TSI 3775）测量，两个计数器之间的误差经过校准，测试方法符合标准 ISO 21083-1 规定。为保证微分电迁移率分析仪筛选出颗粒的单分散性，鞘气与颗粒气流之间的比例设置为 10∶1。测试系统的风量由真空泵供应，风量大小由质量流量控制仪控制。过滤效率 η 计算公式为：

$$\eta=\left(1-\frac{C_{\text{down}}}{C_{\text{up}}}\right)\times 100\% \tag{3-1}$$

式中：C_{down} 为滤材下游颗粒物浓度；C_{up} 为滤材上游颗粒物浓度。

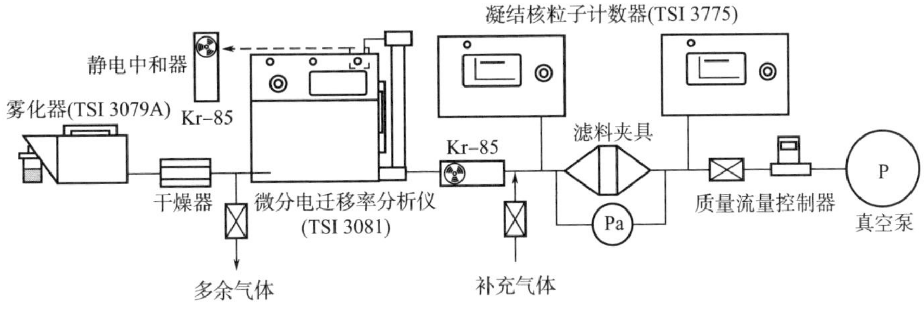

图 3-7　滤料过滤效率测试系统示意图

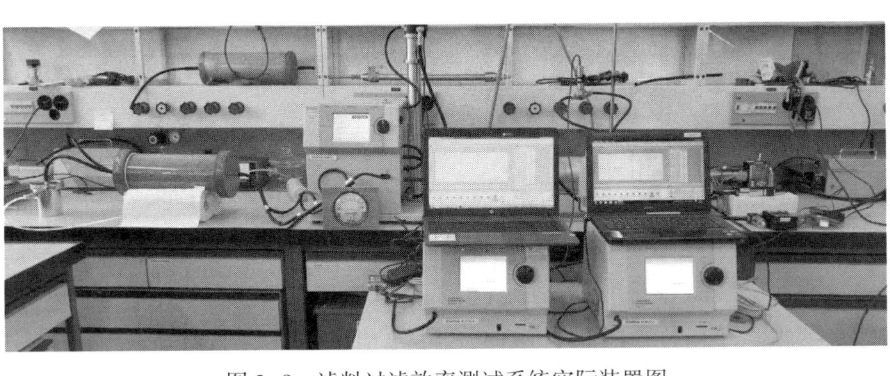

图 3-8　滤料过滤效率测试系统实际装置图

3.2 驻极体滤料电荷衰减影响因素

通过选择合适的材料或调整驻极参数可以显著提升驻极体滤料的初始过滤效果，但滤料的使用条件较为复杂，其在使用过程中外界因素对其过滤性能的影响更为重要。

3.2.1 时间

众多影响因素中，时间对驻极体滤料稳定性的影响受到广泛关注。本书对 15kV 极化电压、2cm 极间距离、20min 极化时间处理后的 PTFE 驻极体滤料进行了相关实验研究。如图 3-9 所示，在室内环境中（温度 25℃，相对湿度 30%~50%），随着时间推移，PTFE 驻极体滤料的表面电荷密度呈下降趋势，一个月后电荷保持率为 62.22%。同时，通过图 2-4 可知，放置一个月后的 PTFE 驻极体滤料过滤效率没有显著降低。表面电荷变化趋势与过滤效率变化趋势的数值不完全一致，这是因为表面电荷量反映的是滤料的电荷保持能力，对于含气隙结构的纤维滤料，电荷更容易进入滤料内部。暴露于室内环境中的驻极体滤料，其表面电荷被空气中水分子或极性离子团中和，宏观表现为表面电荷量下降。内部电荷受影响较小，因而随时间推移过滤效率下降幅度要小于表面电荷下降的幅度。室内条件下，放置时间对驻极体滤料的表

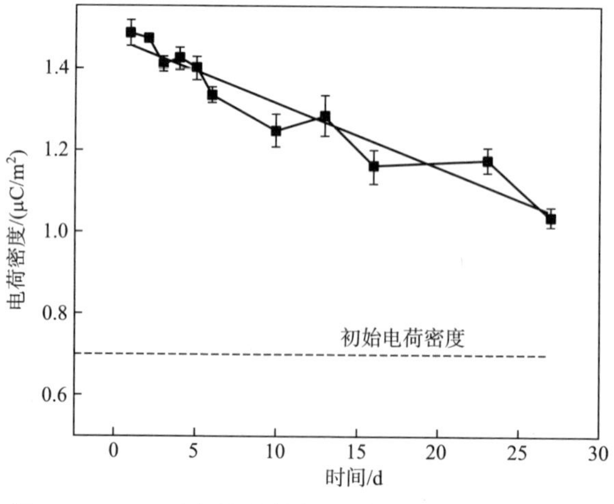

图 3-9　PTFE 驻极体滤料表面电荷密度随时间的衰减

面电荷量在初期有较大影响，但对滤料的过滤效率影响较小。

现有驻极体滤料在正式使用之前具有较长时间的静置期，其表面电荷量和过滤效率都处于相对稳定的状态。本书实验结果为驻极体滤料的实验室研究工作提供了指导，即自制备驻极体滤料需要静置充分时间使其表面电荷达到稳定状态，避免对驻极体滤料静电性能和过滤性能的过高估计。

3.2.2 温度

温度是对驻极体滤料电荷稳定性影响最大的因素之一。将经过充分时间静置的 PTFE 驻极体滤料分别放置在 80℃、120℃、150℃和 200℃环境中处理 30min，处理后滤料的过滤效率如图 3-10 所示。当温度低于 80℃时，PTFE 驻极体滤料对 0.3μm 和 0.5μm 颗粒物的过滤效率与常温放置的滤料样品没有显著差异。当温度大于 80℃时，PTFE 滤料过滤效率随温度的升高而降低。温度升高到 200℃时，PTFE 驻极体滤料对 0.3μm 和 0.5μm 颗粒物过滤效率的最高降幅分别为 1.43%和 1.67%。

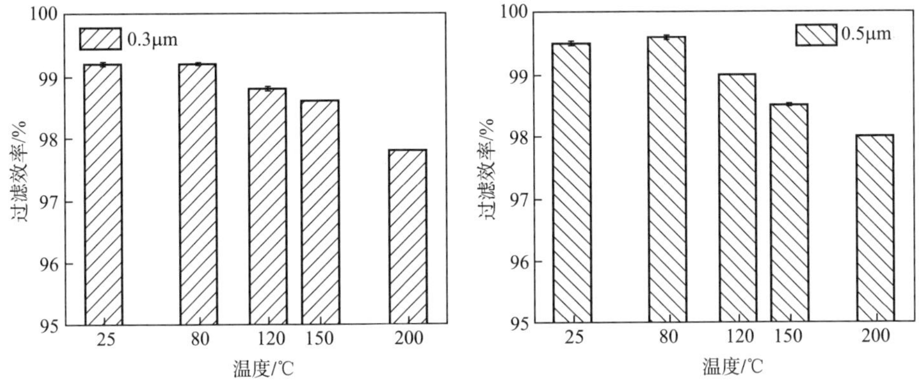

图 3-10 温度对 PTFE 驻极体滤料过滤效率的影响

温度对 PTFE 驻极体滤料的影响是显著的，然而因为选用的 PTFE 覆膜滤料本身过滤效率较高，驻极前后以及高温处理前后效率变化幅度有限。为进一步验证温度对驻极体滤料静电性能和过滤性能的影响，选用一种 PTFE 非覆膜（以下简称 PTFE-L）滤料进行温度老化实验，并通过测试其对 50~500nm 颗粒物过滤效率和表面电势评估温度对驻极体滤料的影响。PTFE-L 滤料的克重为 758.05g/m^2，厚度为 1.2mm，平均纤维直径为 26μm，孔隙率为 70%。驻极处理前，根据 ISO 29461-1 测试标准将 PTFE-L 滤料用异丙醇（IPA）去除其本身可能携带的静电荷。同样通过图 2-1 装置进行电晕放电驻极，PTFE-L 滤料驻极处理前后的过滤效率如图 3-11 所示。对于未极化处理的 PTFE-L 滤料，其最易穿透粒径为 200nm，对应的过滤效率为 65%。驻极处理后 PTFE-L 驻极体滤料的过滤效率明显提升，静电吸附效应对滤料总体过滤效率的贡献约为 30%，与未极化处理的 PTFE-L 滤料相比，对 200nm 颗粒物的过滤效率提升至 92%。在对驻极处理后的 PTFE-L 驻极体滤料过滤效率测试中没有观测到最易穿透粒径，这与滤料的结构和过滤风速有关。常德强等人测试了 5cm/s 风速下 5 种静电滤材的最易穿透粒径，其范围为 20～30nm，本文中 PTFE-L 驻极体滤料的最易穿透粒径可能在 50nm 以下，因此测试过程中并未观察到最易穿透粒径。

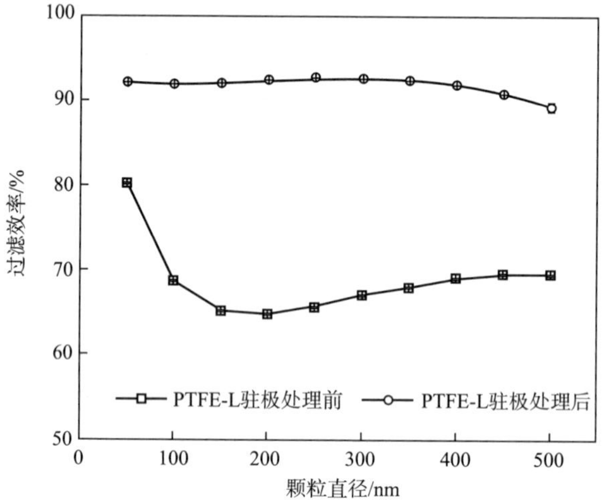

图 3-11　PTFE-L 滤料驻极处理前后过滤效率对比

将 PTFE-L 驻极体滤料分别放置在室内环境和 100℃烘箱中，动态观察其表面电势的变化。如图 3-12 所示，经过极化处理的 PTFE-L 驻极体滤料表面电势随时间推移持续下降，5 天左右表面电势达到一个不再变化的相对稳定状态。电晕放电产生的电荷主要沉积在滤料的表面和近表面，而在不同缺陷位置的电荷稳定性存在差异。微观上纤维不是平整的，其表面有很多缺陷，这里提到的缺陷可以是纤维几何缺陷，也可以是存在某些离子基团，这些缺陷统一称为可以捕获静电荷的陷阱。陷阱越深（或离子基团对电荷吸附能力强），则被其捕获的电荷在纤维上的状态越稳定；如果陷阱很浅（或离子基团对电荷吸附能力弱），即使在室温下被这类陷阱捕获的电荷也会很快损失掉，常温下衰减的电荷多为此类。在 100℃烘箱中，PTFE-L 驻极体滤料表面电势在第 8 天衰减至 0，相比之下，室温下的 PTFE-L 驻极体滤料 30 天后表面电势仍保有初始值的 62%，且不再衰减。以上实验结果进一步表明，温度对驻极体滤料的电荷衰减有显著影响。

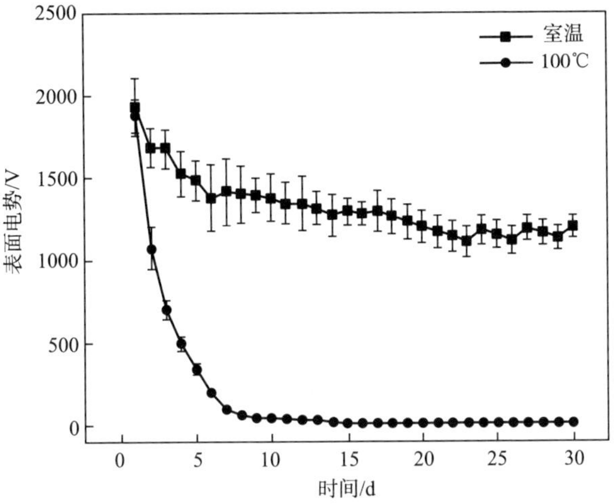

图 3-12　PTFE-L 静电滤材表面电势在不同温度下随时间的变化

湿度对表面电势有一定的影响，但是当相对湿度小于 30%时其影响是有限的。本实验在实验室环境中进行，经测量相对湿度为 20%~30%，烘箱自带通风装置，其湿度明显小于实验室环境。因此，在温度对驻极体滤料影响的实验中，湿度对实验结果的影响可以忽略不计。

3.2.3　湿度

将 PTFE-L 驻极体滤料置于相对湿度为 85%，温度为 25℃的恒温箱中，动态观察其表面电势变化，结果如图 3-13 所示。随着在高湿环境中暴露时间延长，驻极体滤料的表面电势持续下降，在第 23d 时表面电势降至最低值，该实验结果与其他研究中关于湿度对驻极体滤料表面电势影响得出的规律一致。但是与之前研究中的实验设置不同，本实验中，在监测到表面电势降至最低值后，将 PTFE-L 驻极体滤料转移到室内环境中（温度 25℃，相对湿度 30%~50%），继续监测表面电势的变化。结果表明，转移到室内环境中，PTFE-L 驻极体滤料的表面电势呈现缓慢上升趋势，在 10h 后表面电势恢复到初始表面电势的 60%，之后保持稳定。根据实验结果可知，高湿度对驻极体滤料静电荷的衰减机理是以屏蔽为主，电荷传导或电荷中和次之。具体过程为，在高湿环境中，驻极体滤料表面形成液滴层，该液滴层屏蔽了驻极体滤料的表面电荷，因此表面电势持续下降，直至液滴层完全覆盖驻极体滤料表面，表面电势达到最低值。同时，小液滴中可能存在极性离子或离子团，在形成液滴层过程中，滤料表面部分电荷被传导或中和，而被屏蔽的电荷在液滴蒸发后可恢复。

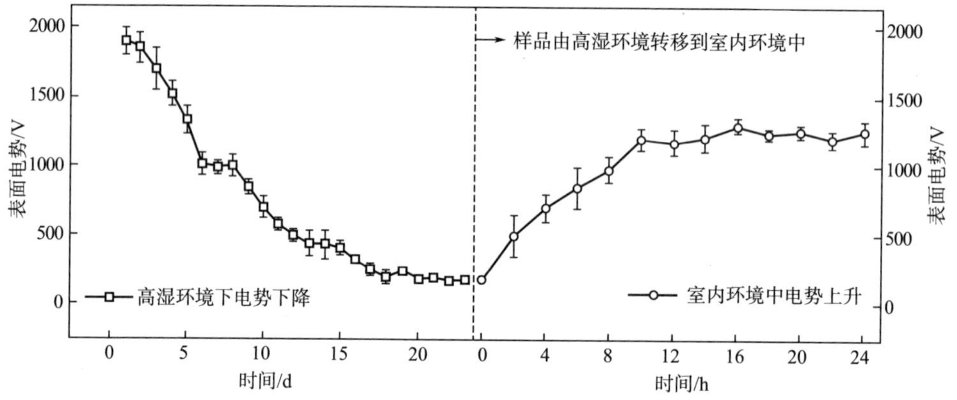

图 3-13　高湿环境下驻极体滤料的表面电势变化

一直以来，湿度导致驻极体滤料电荷衰减的现象被广泛观察到，本书的实验结果与以往研究中结果有所不同，其根本原因有以下几方面：首先，不同驻极方法制备的驻极体滤料带有的电荷类型差异很大，相比之下，取向极化的偶极电荷（感应电荷）比沉积电荷更稳定。其次，各个研究中驻极体滤料原材料不同，因此对沉积电荷的束缚能力有差异。此外，驻极体滤料的疏水性能存在差异，驻极体滤料的电荷分布在整个滤料体积内，对于超疏水滤料，液滴只能在滤料表面凝结而无法进入内部，因电荷传导或电荷中和作用而衰减的沉积电荷只发生在滤料表面。本书的实验结果表明，湿度对驻极体滤料表现出的电荷衰减作用是屏蔽效应、电荷传导、电荷中和效应的综合结果，其中屏蔽效应是主要原因，因此高湿环境中滤料衰减的电荷可部分恢复。

3.2.4　颗粒层

颗粒物沉积过程中，驻极体滤料对颗粒物的过滤效率呈现先降低后升高趋势，其原因可能为初期沉积颗粒物屏蔽了纤维上的静电荷从而降低了过滤效率，随着颗粒物持续沉积形成尘饼，滤料转为表面过滤阶段，形成了尘饼过滤+纤维过滤+静电吸附多种过滤机理的共同作用，因而过滤效率升高。然而，此猜测未有直接实验数据证明，本节针对这一问题进行了深入研究。颗粒物沉积过程中滤料存在一个由深层过滤到表面过滤转换的过程，即颗粒物在过滤初期沉积到滤料的内部，随着沉积颗粒的增加会形成由颗粒构成的尘饼，接下来的颗粒物不再进入滤料内部，而是沉积在尘饼表面，这个转换过程被定义为滤料堵塞。本书将驻极体滤料的堵塞、静电性能和过滤效率变化联系起来，系统研究了驻极体滤料过滤性能在颗粒物沉积过程中的动态变化。作为工业过滤领域最主要的一类颗粒物，mini CAST 产生的碳烟颗粒首先被用于驻极体滤料容尘实验。

驻极体滤料的堵塞过程很难被直接观测到，实验中用驻极体滤料的阻力变化曲线来标记其堵塞过程。如图 3-14 所示，颗粒物沉积过程中 PTFE-L 驻极体滤料的阻力随时间（沉积颗粒量）变化分为三个阶段：初期，滤料阻力以较小斜率线性增长，以该斜率作阻力曲线切线，该切点定义为滤料由深层过滤向表面过滤转换的低转换点；中期，滤料阻力非线性增长；后期，滤料阻力以较大斜率线性增长，以该斜率作阻力曲线切线，该切点定义为滤料由深层过滤向表面过滤转换的高转换点。低转换点到高转换点之间称为滤料由深层过滤向表面过滤转换的转换区域，高转换点称为堵塞点，该点标志着滤饼的形成。这个方法可以直接使用滤料阻力数据去描述颗粒物沉积的状态，在已经报道的相关研究中，滤料堵塞过程中颗粒物沉积状态通过电子显微镜被观测到，其实验结果证实了用阻力曲线的变化形容滤料堵塞点是可行的。布鲁斯（Bourrous）等进一步评估证实了该方法的可行性。

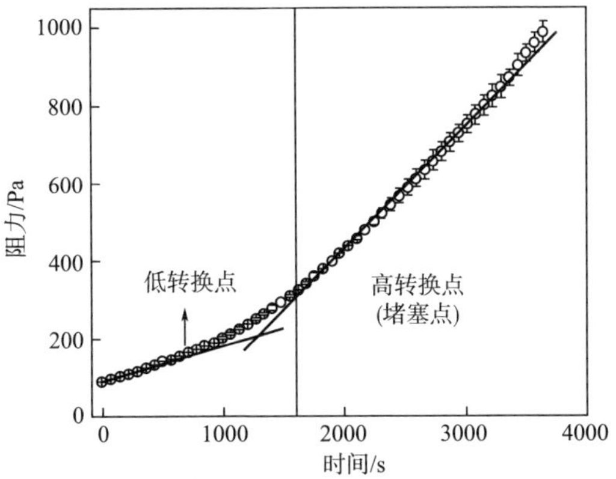

图 3-14　碳烟颗粒物沉积过程中 PTFE-L 驻极体滤料的阻力变化曲线

通过图 3-14 可知，PTFE-L 驻极体滤料初始阻力为 90Pa，堵塞点对应的阻力为 325Pa，在滤饼形成之前滤料阻力共增长了 235Pa。实验中，选取阻力增长量 0、5Pa、10Pa、15Pa、20Pa、40Pa、50Pa、60Pa、80Pa、100Pa、150Pa、200Pa 和 250Pa 为测试点，测试 PTFE-L 驻极体滤料的表面电势和过滤效率。如图 3-15 所示，PTFE-L 驻极体滤料的表面电势在阻力增长（ΔP）的前 20Pa 显著下降。与表面电势的下降规律一致，PTFE-L 驻极体滤料对 50~500nm 颗粒物的过滤效率达到最低点。

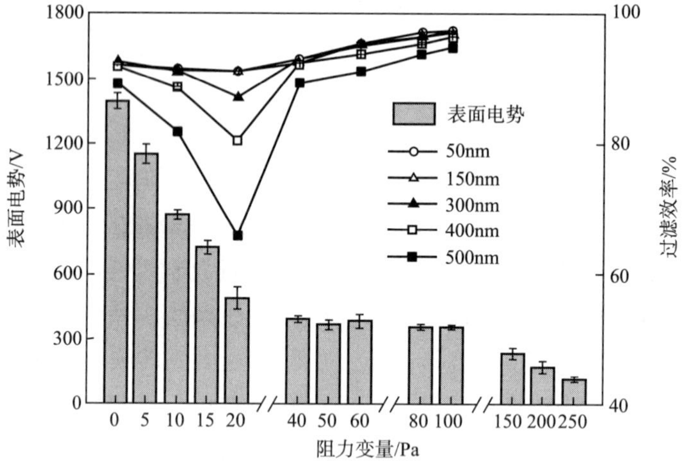

图 3-15　PTFE-L 驻极体滤料的表面电势和过滤效率随阻力变化的关系

通过图 3-14 和图 3-15 可得到如下结论。

① 在碳烟颗粒沉积过程中，PTFE-L 驻极体滤料堵塞点为阻力增长 250Pa 时。

② 在碳烟颗粒沉积过程中，PTFE-L 驻极体滤料的过滤效率先降低后增长，过滤效率由降低向升高的转换点为阻力增长 20Pa 时。在阻力增长 40Pa 时，滤料过滤效率恢复到初始过滤效率水平，随着阻力继续增长，滤料过滤效率继续升高。

③ PTFE-L 驻极体滤料过滤效率的降低和升高趋势都发生在碳烟颗粒初始沉积阶段，在该阶段尘饼还未形成（图 3-16），沉积的颗粒对滤料的孔隙率没有显著影响。

以上实验结果验证了驻极体滤料在颗粒沉积过程中过滤效率先降低后升高的变化趋势，该趋势对各类驻极体滤料具有普适性。通过静电性能和过滤

(a) 0

(b) 10Pa

(c) 20Pa

图 3-16　PTFE-L 驻极体滤料在碳烟颗粒沉积过程中阻力增长为 0、10Pa 和 20Pa 时颗粒沉积状态

性能的同时测量，揭示了颗粒物沉积过程中 PTFE-L 驻极体滤料的过滤效率变化与其表面电势变化一致。同时，PTFE-L 驻极体滤料的过滤效率在达到堵塞点之前（尘饼形成之前）就恢复到了初始过滤效率水平。

具有不同性质的颗粒物对驻极体滤料的影响存在差异。分别使用 1μm 以下的碳烟颗粒和 NaCl 颗粒对 PTFE-L 驻极体滤料进行容尘实验，碳烟颗粒和 NaCl 颗粒的粒径分布和数量浓度控制在同一量级。如图 3-17 所示，沉积有 NaCl 颗粒的 PTFE-L 驻极体滤料要比沉积有碳烟颗粒的驻极体滤料阻力增长速度缓慢。碳烟颗粒为片状颗粒，NaCl 颗粒形状近似于球体，在颗粒数量接近的情况下，NaCl 颗粒堆积形成的颗粒层孔隙更大，而碳烟颗粒堆积形成的颗粒层更密实，因此碳烟颗粒沉积使滤料的阻力增长更快。

不同颗粒沉积对驻极体滤料阻力增长的影响不同，对驻极体滤料过滤效率的影响同样存在差异。如图 3-18 所示，当沉积的碳烟颗粒与 NaCl 颗粒使 PTFE-L 驻极体滤料阻力增长相同的幅度时，由于圆形 NaCl 颗粒沉积量更多，

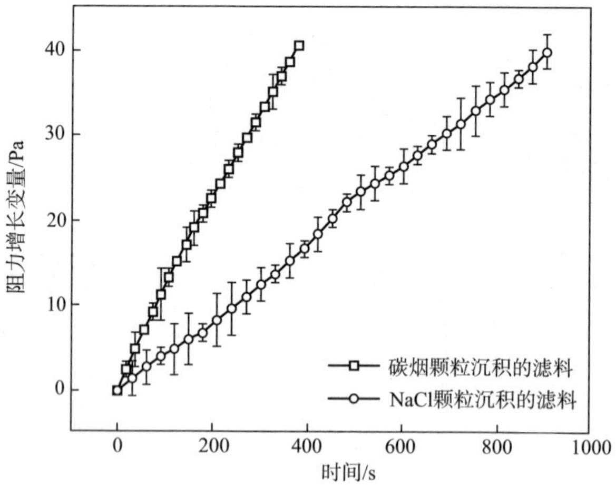

图 3-17　沉积有碳烟颗粒与 NaCl 颗粒的 PTFE-L 驻极体滤料的阻力增长

NaCl 颗粒导致的过滤效率下降幅度更小。此外，碳烟颗粒导致的驻极体滤料电荷损失更大，沉积颗粒物的电导率在电荷传导过程中起到关键作用，这在本章驻极体滤料电荷衰减理论分析中有详细说明。

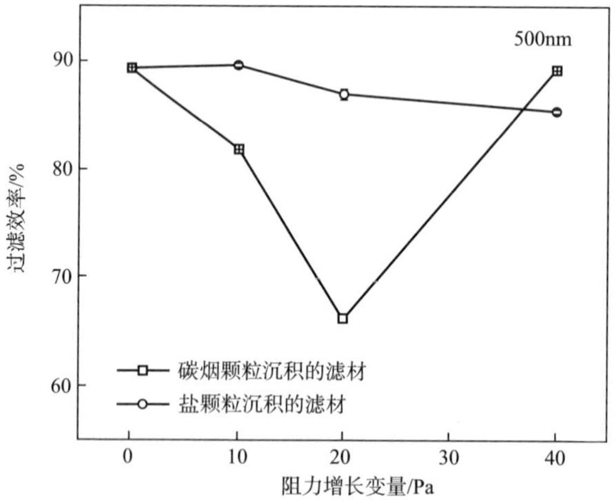

图 3-18　沉积碳烟颗粒与 NaCl 颗粒的 PTFE-L 驻极体滤料
不同阻力增量下的颗粒物过滤效率

与 NaCl 颗粒相比，实际应用中过滤器面对更多的是碳烟颗粒和道路尘颗粒，因此继续用碳烟颗粒、A2 道路尘、碳烟颗粒与 A2 道路尘混合尘对 PTFE-L 驻极体滤料进行容尘实验，阻力到达 1000Pa 时停止容尘并使用高压压缩空气进行单次喷吹清灰（喷吹压力 0.6MPa），测量容尘前后以及清灰前后的滤料表面电势。如图 3-19 所示，三种粉尘分别沉积到 PTFE-L 驻极体滤料后，实际测得的表面电势是尘饼的表面电势，电势的下降是由沉积颗粒物屏蔽导致的。实验中采用的所有颗粒物在沉积到滤料之前都经过 Kr-85 静电中和器的消除静电处理（图 3-1），沉积颗粒物对驻极体滤料上电荷的中和作用是有限的。

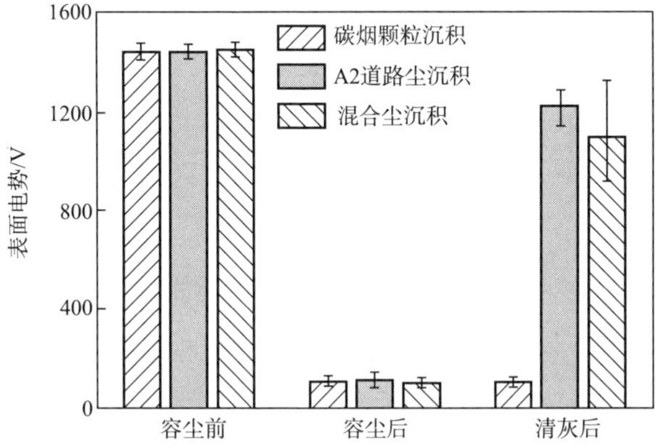

图 3-19　PTFE-L 驻极体滤料清灰处理前后的表面电势

电荷传导是表面电势衰减的另一个重要原因。对容尘后的 PTFE-L 驻极体滤料清灰处理，被碳烟颗粒沉积的驻极体滤料表面电势与清灰前相比没有变化，即损失电荷没有恢复，这是多方面原因导致的。首先，尺寸较小的碳烟颗粒形成的尘饼密度更高，尘饼很难被压缩空气喷吹脱落，颗粒物对电荷的屏蔽效应仍然存在。其次，碳烟颗粒本身的黏性更大，这也导致碳烟颗粒更难从纤维上脱落。此外，碳烟颗粒与其他颗粒最显著的差异是电导率较高，电导率高意味着驻极体滤料上的电荷更容易被传导，传导电荷可能是转移到其他物体上，也可能是在传导过程中转化为热能。在颗粒沉积的驻极体滤料中很难区分颗粒的屏蔽作用和传导作用，因为沉积的颗粒不能完全从滤料上去除。在针对特定颗粒物时，通过与其他种类颗粒物造成的电荷衰减程度进行对比可进行具体的分析，如本文中使用的三种颗粒物。如图 3-20 所示，清灰处理后，A2 道路尘和混合尘沉积的滤料粉尘剥离率分别为 33.59% 和 22.35%。混合尘比 A2 道路尘更难被剥离的原因是混杂的碳烟颗粒使尘饼密度和黏性更大。清灰处理后被 A2 道路尘、碳烟颗粒与 A2 道路尘混合尘沉积的驻极体滤料表面电势均恢复到了洁净驻极体滤料的 67% 以上（图 3-19），这证明颗粒物对电荷的屏蔽作用为 A2 道路尘沉积过程中 PTFE-L 驻极体滤料电荷衰减的主要原因。

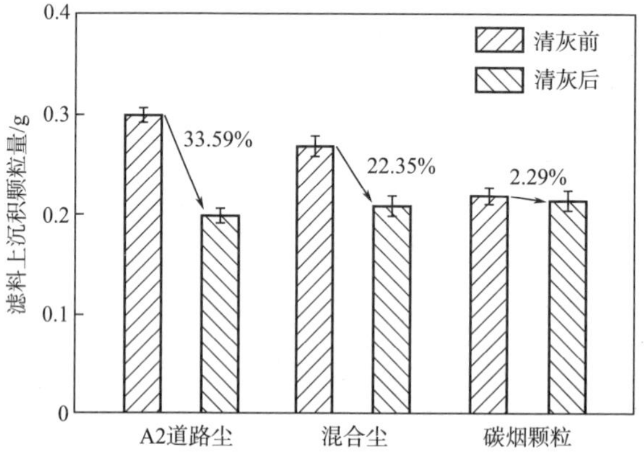

图 3-20 清灰处理前后沉积在 PTFE-L 驻极体滤料上的沉积颗粒质量

然而，即使是最易被剥离的 A2 道路尘也不能被完全清除，测量到的 PTFE-L 驻极体滤料清灰后表面电势恢复了 82%，不能恢复的 18%表面电势可能是由电荷屏蔽和电荷传导导致的，然而，对这两个原因导致的电荷衰减进行量化分析仍存在一定难度。

A2 道路尘和混合尘沉积的 PTFE-L 驻极体滤料在清灰处理后可以恢复大部分表面电势，这为驻极体滤料重复使用提供了思路。结合图 3-19 和图 3-20，清灰难度排序为碳烟颗粒>混合尘>A2 道路尘，对应的电势恢复值排序为 A2 道路尘>混合尘>碳烟颗粒。可以通过人工混合 A2 道路尘，使在驻极体滤料上形成的尘饼更容易被剥离，从而实现驻极体滤料清灰后重复使用。在实际应用中，工业烟尘中存在的大颗粒物对驻极体滤料的清灰再生有一定帮助。

3.3 再生过程中驻极体滤料结构及性能变化

袋除尘滤料的再生通常指使用过程中的反吹清灰，而随着生物气溶胶这一类新兴污染物的出现，袋除尘滤料不可避免地要面临灭菌再生处理。研究驻极体滤料经过灭菌再生处理后的静电性能和过滤性能变化，对驻极体滤料在工业除尘领域的应用具有重要意义。口罩驻极体滤料的驻极效果在目前所有的驻极体滤料中处于较高水平，因此为研究在工业环境下驻极体滤料再生过程中物理、化学因素对电荷衰减的影响，以口罩驻极体滤料再生为例进行深入研究。

驻极体滤料灭菌再生过程中最重要的是保持其静电性能和过滤性能不衰减。微生物灭活方法包括化学方法和物理方法。环氧乙烷（EO）、汽化过氧化氢（HPV）和无机次氯酸盐是最常用的化学灭菌方法，其中HPV已经被美国食品药品监督管理局（FDA）批准用于口罩的灭菌再生处理。一般来说，化学灭菌方法的机理为化学物质与功能性蛋白反应、抑制酶活性或破坏膜转运能力。常用的物理灭菌方法包括紫外线照射（UVI）、微波辐射（MWI）、高温蒸汽等。UVI的灭菌机理是损坏微生物DNA以及抑制DNA修复功能，MWI和高温蒸汽是通过热效应使微生物的蛋白质失活。迄今为止，UVI、MWI、高温蒸汽、HPV、EO、无机次氯酸盐以及γ射线都被考虑用于口罩驻极体滤料的灭菌再生处理。尽管以上提到的灭菌方法对微生物的灭活效果都已经得到了实验验证，但这些方法用于口罩灭菌再生处理仍需大量的科研工作进行评估，因为当需要被灭菌的介质是驻极体滤料时，一些关键问题是不明确的，例如，当这些灭菌方法的剂量足以杀死驻极体滤料上的微生物时，该剂量是否会对驻极体滤料的纤维结构、静电性能、过滤性能产生影响急需被研究。此外，采用的灭菌方法是否可以杀死渗透到口罩内部的细菌也需要进一步的研究，例如紫外线（UV）的穿透能力有限，对口罩内部细菌的灭菌能力有待验证。

目前，口罩驻极体滤料的核心是聚丙烯非织造布，其过滤性能取决于聚丙烯非织造布的物理结构和静电性能。对于化学灭菌方法，化学试剂腐蚀性会破坏滤料的整体结构，乙醇等有机溶剂会耗散驻极体滤料上的电荷，残留的化学试剂还会对佩戴者产生健康威胁。对于物理灭菌方法，MWI和高温蒸汽的热效应以及UVI的老化效应都可能会破坏驻极体滤料的整体结构或影响其电荷稳定性。新型冠状病毒感染暴发后，UVI、EO、HPV等常用灭菌方法用于口罩驻极体滤料灭菌再生被广泛研究。目前口罩驻极体滤料灭菌再生研究中通常采用对300nm颗粒物的过滤效率来评价口罩过滤性能的变化。标准的滤料过滤效率测试中，测试的是滤料对其最易穿透粒径（MPPS）的过滤效率。对MPPS的过滤效率可以反映出滤料最低的过滤效率，多个研究表明N95级别口罩驻极体滤料的MPPS在100nm以下。灭菌再生后的口罩需要证明可以有效捕集含病毒液滴以及小尺寸含病毒气溶胶，因为小尺寸含病毒气溶胶可以长时间悬浮在空气中。测量口罩再生处理后对纳米级颗粒物的过滤效率是必要的，同时评估灭菌效果和驻极体滤料的结构、过滤效率、阻力、静电性能可以为口罩以及同类驻极体滤料的灭菌再生工作提供关键技术支持。

3.3.1 驻极体滤料纤维结构

MWI 的一大缺陷是连续长时间处理会损坏口罩驻极体滤料结构，如图 3-21 所示，将 FFP2 口罩驻极体滤料整体暴露于 400W 功率的微波炉中超过 10min 或 700W 功率的微波炉中 5min，口罩鼻梁处的泡沫材料被损毁。观察到的口罩损坏表明，通过热效应进行灭菌处理的物理灭菌方法会对口罩驻极体滤料过滤层或其他组件造成不可逆的损坏。金属材料被广泛用于口罩鼻梁处的固定带，在进行 MWI 处理时需要移除，以免产生危险。为避免热量的积累，接下来的实验中 MWI 单次处理时间不超过 5min 以下涉及的 MWI 处理时间均为多次累积时间，如使用 MWI 处理 10min 是指样品置于微波炉中处理 5min，待温度下降到室温后再处理 5min。

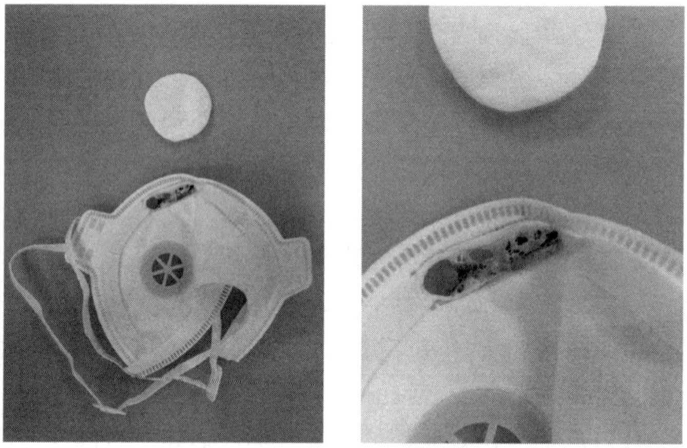

图 3-21 长时间暴露于 MWI 中口罩发生不可逆损坏

几种灭菌方法处理后的聚丙烯口罩驻极体滤料纤维形貌和纤维直径统计如图 3-22 所示，使用的几种灭菌方法对纤维直径没有统计学意义上的显著影响，但纤维间存在不同程度的并集现象。聚丙烯熔点在 160℃左右，高温蒸汽和短时间微波辐射产生的温度都远低于 160℃，因此高温蒸汽和微波辐射对聚丙烯纤维直径没有影响。紫外线对材料的影响取决于照射剂量，聚丙烯材料在 13500mJ/cm^2 剂量的照射下仍然非常稳定，实验中最大照射剂量为 378mJ/cm^2，没有观测到对纤维形貌的影响。尽管乙醇浸泡处理过的样品由于与不同组分形成段间键而很难恢复其原始结构，但没有观察到乙醇对聚丙烯纤维直径和形貌的影响。然而，与对照组样品以及其他灭菌方法处理过的样品相比，乙醇浸泡处理过的口罩驻极体滤料层整体结构变化较大，纤维并集现象更明显。纤维的显著并集可能是因为纤维浸没在乙醇中增加了其流动性，待乙醇蒸发后部分纤维无法恢复，这种纤维并集会影响到滤料的孔道直径。经测量，使用的几种灭菌方法对口罩驻极体滤料样品的孔隙率没有显著影响（表 3-5）。

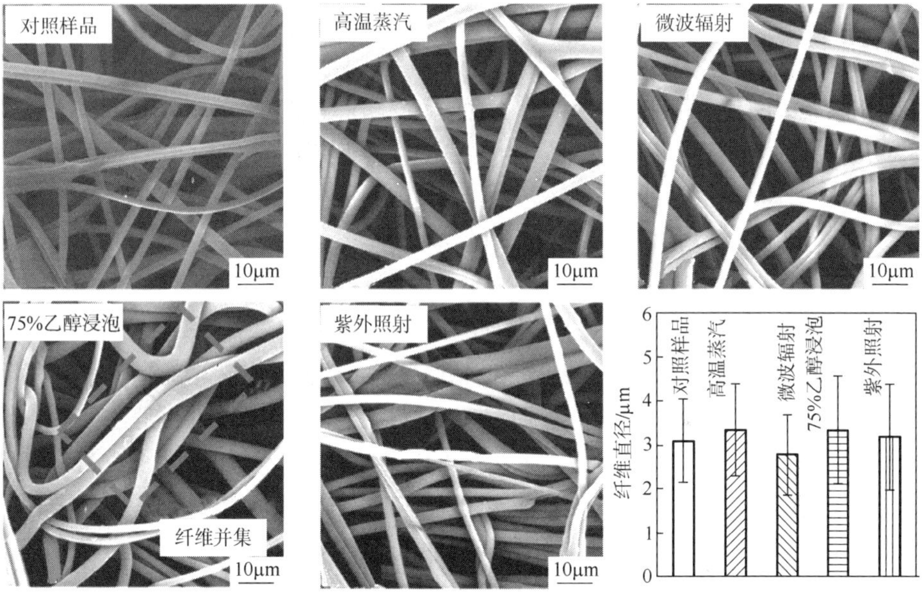

图 3-22　不同灭菌方法处理后口罩驻极体滤料纤维形貌和纤维直径统计

表 3-5　不同灭菌方法处理后的 FFP2 驻极体滤料样品孔隙率及方差

灭菌方法	孔隙率/%	方差/%
对照样品	88.52	0.04
75%乙醇浸泡	88.51	0.01
微波辐射	88.52	0.08
高温蒸汽	88.51	0.03
紫外照射	88.50	0.01

3.3.2　驻极体滤料阻力和表面电势

几种口罩驻极体滤料灭菌处理前后的阻力和表面电势如图 3-23 所示。结果表明，除乙醇浸泡的样品外，其他再生后的样品在 5.3cm/s 风速下的阻力没有显著变化。滤料的阻力大小取决于滤料的物理结构，前文提到，乙醇浸泡后口罩驻极体滤料的纤维出现部分并集，虽然滤料的孔隙率没有改变，但纤维孔道直径降低，最终导致阻力的升高。

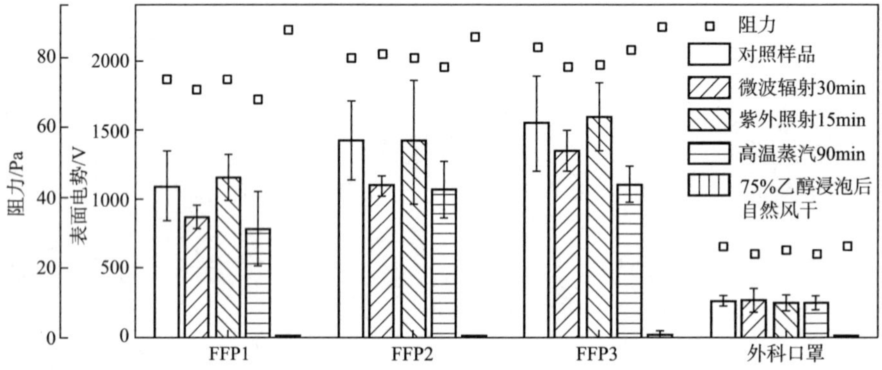

图 3-23　不同灭菌方法处理后的四种口罩驻极体滤料样品阻力和表面电势的变化

微波辐射、紫外照射、高温蒸汽对驻极体滤料表面电势的影响如图 3-23 和表 3-6 所示。微波辐射和紫外照射对表面电势都没有显著影响，其中微波辐射导致升温，电荷会轻微散失。二者的杀菌机理都是基于辐射效应，不会直接引起材料表面电势的衰减。但辐射效应可能会间接地影响电荷稳定性，紫外线照射剂量足够大或微波辐射产生的热量持续累积也会加速口罩驻极体滤料表面电势的衰减。实验中的紫外照射剂量很小，微波辐射通过分段实施的设置避免了热量累积，因此对电荷衰减没有加速作用。先前的研究结果表明，高温和高湿度都会引起驻极体滤料的电荷衰减。因此，高温蒸汽很可能会极大降低口罩驻极体滤料的表面电势，然而在本实验中，观测到高温蒸汽仅导致表面电势轻微下降。

表 3-6　微波辐射、紫外照射和高温蒸汽处理后的口罩驻极体滤料样品的表面电势

口罩驻极体滤料样品	微波辐射			紫外照射			高温蒸汽		
	平均值/V	方差	*P* 值	平均值/V	方差	*P* 值	平均值/V	方差	*P* 值
FFP1	868.4	82.8	0.055	1152.4	168.5	0.338	777.6	276.1	0.046
FFP2	1098	286.8	0.058	1413.8	443.4	0.497	1067.4	198.9	0.029
FFP3	1347.6	147.1	0.142	1595.8	238.8	0.403	1105.2	126.9	0.021
外科口罩	265.2	83.5	0.494	247.6	51.9	0.279	247.6	46.8	0.266

首先，在聚丙烯的热激电流（TSD）测试中发现其具有三个电荷放电峰，分别处于50℃、100~130℃和165~170℃时，且放电强度随着温度依次升高。本实验中采用的高温蒸汽在常压下产生，与驻极体滤料接触到的蒸汽温度小于或等于100℃，表面电势的轻微下降可能是处于第一个放电峰（50℃）位置的表面电荷逃逸导致的。其次，观测到有水珠凝结在驻极体滤料最外层的疏水层上，最外层的疏水层对口罩驻极体滤料起到了一定的保护作用。尽管本实验中使用的高温蒸汽对表面电势影响较小，但当使用灭菌机理一样的高压灭菌釜处理时，对驻极体滤料表面电势的影响会被放大。之前提到，聚丙烯的第二个放电峰在100~130℃，而常用的重力置换高压釜和高速预真空灭菌釜的温度在121~132℃，因此高压灭菌釜会导致表面电荷的剧烈衰减。

乙醇浸泡在几种灭菌方法中对表面电势的衰减影响最大，用乙醇灭菌处理后的所有口罩驻极体滤料样品的表面电势从初始值（265~1545V）衰减至约为0（图3-23）。作为一种有机溶剂，乙醇可以通过电荷传导或者电荷中和使材料表面电势快速衰减。最新研究表明，纤维在有机溶剂中的溶胀是驻极体滤料电荷衰减的主要原因，而聚合物在有机溶剂中的溶解性是决定电荷释放速度的因素之一。有机溶剂导致的电荷损失是不可逆的，因此在使用化学试剂对驻极体滤料进行灭菌处理时，需要考虑试剂中是否含有有机溶剂以及驻极体滤料对应的聚合物在该试剂中的溶解度。

3.3.3 驻极体滤料过滤效率

如图3-24所示，FFP2（N95级别的口罩）驻极体滤料在5.3cm/s风速下的过滤效率在灭菌处理前后的变化规律与表面电势的变化规律是一致的。

口罩是一种重要的驻极体滤料，电荷衰减直接导致其过滤效率下降且最易穿透粒径增大。由于表面电势的剧烈衰减，乙醇处理过的口罩驻极体滤料样品对50~500nm颗粒物的过滤效率下降明显，最易穿透粒径从50nm以下增大到200nm。过滤效率的下降和最易穿透粒径的增大增加了佩戴口罩者暴露于病毒气溶胶时被感染的风险。例如，流感病毒和新型冠状病毒的空气动力学直径在80~120nm，而乙醇处理后的口罩对100nm颗粒物的过滤效率从99.51%下降到82.16%。与原始口罩相比，流感病毒和新型冠状病毒更易穿透灭菌再生后的口罩驻极体滤料。

高温蒸汽处理后的FFP2驻极体滤料对50nm和100nm颗粒物的过滤效率分别从98.86%和99.51%下降到97.58%和98.79%，这是由于表面电势的轻

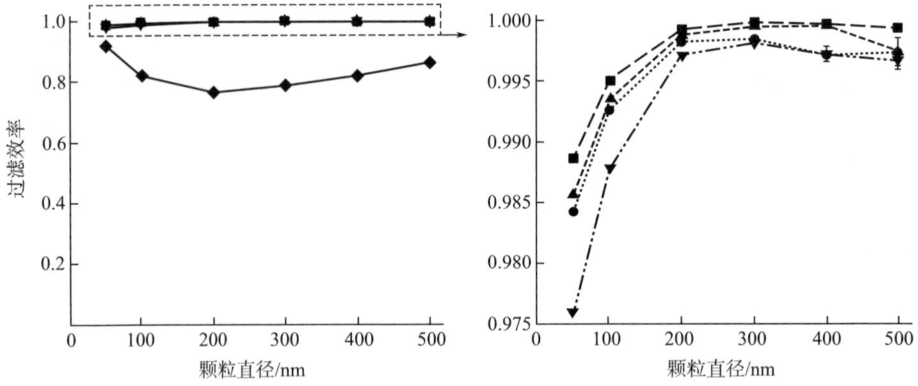

图 3-24　灭菌处理后 FFP2 驻极体滤料对 50～500nm 颗粒物的过滤效率

微衰减导致的。根据误差分析（表 3-7），与对照样品相比，高温蒸汽处理后的 FFP2 驻极体滤料对 50nm 和 100nm 颗粒物的过滤效率有统计学意义上的显著下降。使用高温蒸汽灭菌处理后的口罩也许可以被普通大众继续使用，但是病毒可能会从医疗设备或者地板表面脱离并重新悬浮在空气中，医疗场所的病毒浓度更高，轻微的效率下降对医务人员来说也不可忽略。此外，在工业排放中生物气溶胶的浓度可能更高，因此驻极体滤料过滤效率的轻微下降可能导致大量生物气溶胶排放到大气中。

表 3-7　用于计算高温蒸汽处理后 FFP2 驻极体滤料过滤效率的原始数据

颗粒直径/nm	对照组			高温蒸汽处理组		
	上游颗粒物浓度/（个/cm³）	下游颗粒物浓度/（个/cm³）	过滤效率/%	上游颗粒物浓度/（个/cm³）	下游颗粒物浓度/（个/cm³）	过滤效率/%
50	39616	448	98.87	43145	1032	97.61
	40333	457	98.87	43861	1066	97.57
	39813	454	98.86	44272	1074	97.57
100	32555	157	99.52	32711	391	98.80
	32967	161	99.51	33349	403	98.79
	33380	162	99.51	33735	409	98.79

微波辐射和紫外照射处理后的 FFP2 驻极体滤料对 50nm 颗粒物的过滤效率下降小于 0.5%，这与表面电势保持不变的规律一致。表面电势不能代表整

个驻极体滤料的电荷分布情况，但是通过比较原始驻极体滤料和灭菌处理后驻极体滤料的表面电势，可以指示驻极体滤料静电性能和过滤效率的变化趋势。与颗粒物过滤效率测试相比，测量表面电势需要的设备更简单、测试速度更快、不损坏滤料，非常适合驻极体滤料的快速评估。

3.4 驻极体滤料电荷衰减机理分析

根据本章实验研究的结果，在驻极体滤料各种可能使用的环境中，影响驻极体滤料稳定性的因素可以总结为使用时间、温度、湿度、颗粒层。通过颗粒物过滤效率和表面电势的表征结果量化了这些因素对驻极体滤料稳定性的影响，但驻极体滤料电荷衰减的内在机理仍不清晰。本节针对各个影响因素进行了深入讨论，揭示了这些因素影响下驻极体滤料电荷衰减的本质。

电晕放电方法制备的驻极体滤料极化强度是感应电荷和沉积电荷共同作用的结果，其中，沉积电荷表现出的极化强度占据了主要地位。本节从感应电荷与沉积电荷两个方面进行分析，与以往研究中逐一分析影响因素对电荷衰减的作用不同，本节分析讨论了多种影响因素对各个电荷衰减途径的影响。此分析方式可以形象表现出驻极体滤料的电荷衰减是多种影响因素耦合的结果，也可表现出单一影响因素通过多个途径对驻极体滤料电荷衰减起到的加速作用。

3.4.1　感应电荷的介电松弛

首先讨论电晕放电方法制备的驻极体滤料表面电荷分布规律。如2.4.1中的图2-8所示，针电极与板电极之间的电场类似于点电荷到金属板间的电场，滤料样品与金属板平行，在滤料表面可以看作滤料样品置于一个与其垂直的均匀电场中。本实验使用的滤料材质是PTFE，作为一种绝缘的电介质材料，其内部不存在自由电荷。但是，即使完美球形的分子在电场作用下，其正负电荷中心也会发生一定程度的偏转，形成偶极子。每一个偶极子都存在一个自发电场，在强电场作用下偶极子定向排列，各个偶极子的电场叠加表现出一个较强的电场，这是不含自由电荷的电介质材料极化的本质。因此，电晕放电方法制备的驻极体滤料表面电荷包括偶极电荷，也可以说是感应电荷。电晕放电方法制备驻极体滤料的实际情况是，在针电极与板电极之间，由于针电极尖端放电电离空气产生了大量极性离子，与施加电压极性相同的极性离子沉积在滤料表面。因此电晕放电方法制备的驻极体滤料表面电荷包括沉积电荷。

感应电荷与沉积电荷的关系决定了驻极体滤料表面最终的电荷分布状态。假设针电极上的自由电荷为+3q，根据式（2-7），电介质材料表面产生的感应电荷密度总是小于自由电荷的密度，因此假设感应电荷为-q。在没有沉积电荷时，自由电荷与感应电荷间的电场分布如图 3-25（a）所示；某一时刻，一个带电量为+q 的粒子在电场力的作用下沉积在滤料表面，其与感应电荷-q 相互抵消，此时空间内的电场分布如图 3-25（b）所示；一个带电量为+q 的粒子继续沉积在滤料表面，并产生一个与+3q 方向相反的电场，如图 3-25（c）所示；只要沉积电荷与感应电荷的净电荷量小于 3q，带电离子就会一直沉积在滤料表面，直到沉积电荷与感应电荷的净电荷量等于+3q，此时电场分布如图 3-25（d）所示。因为自由电荷+3q 与沉积电荷+3q 产生的电场大小一致，带电离子不再沿着自由电荷产生的电场方向沉积到滤料表面，此时滤料

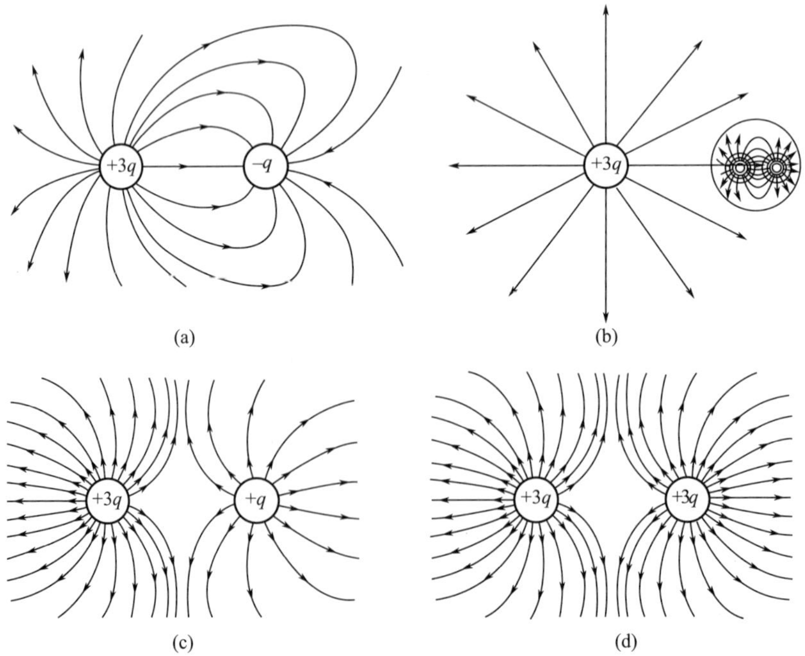

图 3-25　电晕放电驻极方法制备驻极体滤料过程中自由电荷、沉积电荷、感应电荷产生电场示意图

表面的沉积电荷密度达到最大。

滤料表面的沉积电荷密度达到最大后，撤去外部电场，沉积电荷和感应电荷都被困在滤料表面。沿用以上电荷量假设，撤去外部电场的驻极体滤料表面电荷分布如图 3-26 所示。沉积电荷一部分与感应电荷相互抵消，剩余沉积电荷对外表现出一定极性，即剩余沉积电荷产生一个电场。图 3-26 与式（2-13）表达的意义一致，滤料极化强度为沉积电荷密度与感应电荷密度差值。

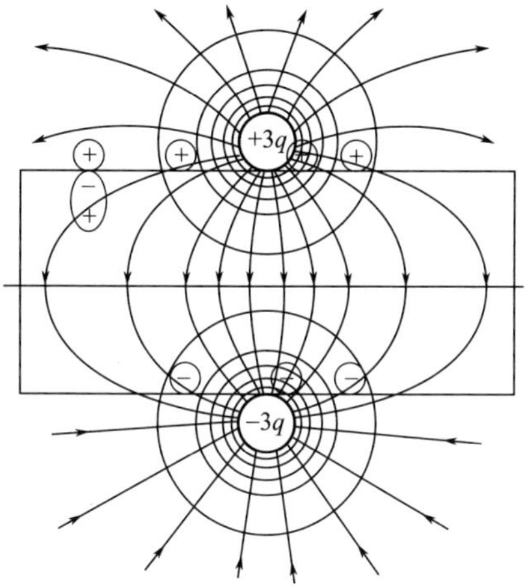

图 3-26　驻极体滤料表面沉积电荷与感应电荷分布示意图

偶极电荷是在强电场作用下定向排列的，当撤掉外部电场时，偶极电荷会有从瞬时建立的极化状态恢复到原状态的趋势，而偶极电荷从瞬时建立的极化状态达到新的极化平衡态的过程称为介电松弛。如果没有沉积电荷，介电松弛是仅包含偶极电荷的驻极体在常温常压下电荷衰减的主要影响因素。而驻极体是指一种自身带有电荷的介电材料，且电荷近乎永久存在，“永久”是一个相对的概念，它意味着介电松弛时间（t_1）远远大于驻极体材料的使用寿命。在图 3-26 所示电荷分布状态中，偶极电荷受到沉积电荷的束缚，因此偶极电荷达到新的平衡状态之前，沉积电荷必然已衰减。设沉积电荷衰减时间为 t_2，则电晕放电方法制备的驻极体滤料电荷衰减时间 t 为：

$$t=t_1+t_2 \tag{3-2}$$

已知 t_1 远大于 t_2。常温常压下驻极体滤料的电荷衰减规律为：在 t_2 时间内电荷（沉积电荷）以一定速率衰减，在 t_1 时间内电荷（偶极电荷）以极低速率衰减。

如果增加空气中的湿度，水分子中含有的极性离子对沉积电荷的衰减有加速作用，但偶极电荷的衰减与湿度无关。因此可以预测，高湿度下沉积电荷衰减时间 t_2 减小，t_1 仍远远大于 t_2。如果增加环境温度，情况会有所不同。偶极电荷想要恢复到极化前状态并达到新的平衡，但达到新平衡的过程是很缓慢的，且受到沉积电荷的束缚，温度升高会使沉积电荷加速衰减，减小了沉积电荷对偶极电荷的束缚。同时，温度升高使分子的热运动加剧，这种无规则的热运动使偶极电荷无序排列，最终导致驻极体滤料表面的极化特性消失。可以预测，在高温下，沉积电荷与偶极电荷的衰减时间 t 会大幅缩短。

基于以上分析，可以得到常温常压低湿度条件下、常温常压高湿度条件下、高温常压低湿度条件下驻极体滤料电荷衰减的规律，如图 3-27（a）所示。将对应条件下驻极体滤料表面电势实验值进行整合，并与总结出的规律比较。图 3-13 中表面电势先下降后上升的现象是由小液滴对电荷的屏蔽作用引起的，后文有详细分析，这里只取表面电势下降到稳定值部分。

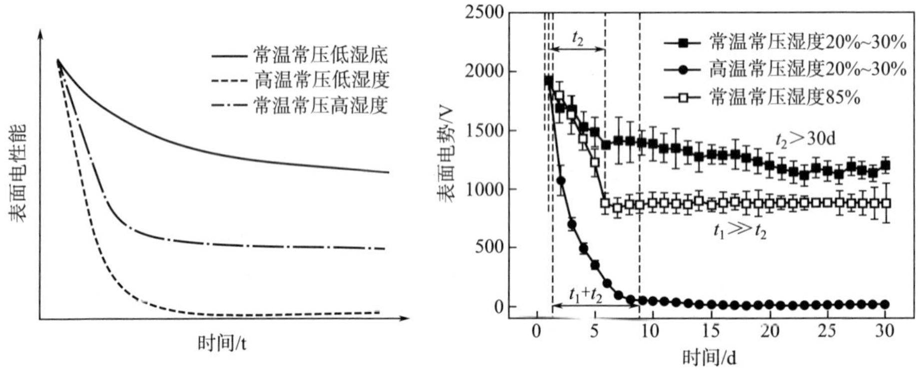

(a)不同条件下驻极体滤料电性能理论变化曲线　(b)不同条件下驻极体滤料电性能实际变化曲线

图 3-27　驻极体滤料电性能理论变化曲线与实测变化曲线

实验结果与分析得到的电荷衰减规律一致，这说明分析的电荷衰减过程符合实际情况。这里讨论的沉积电荷衰减时间 t_2 并不是沉积电荷完全衰减的时间，而是沉积电荷达到相对稳定状态的时间。常温下，观测到了沉积电荷的衰减，但没有观测到电荷最终的平衡状态，这说明实际使用中，沉积电荷的衰减时间 t_2 也很长，常温常压低湿度条件下偶极电荷的介电松弛不是观测到的驻极体滤料电荷衰减的主要原因。常温常压高湿度下，驻极体滤料的电荷衰减主要是沉积电荷的衰减，偶极电荷的介电松弛不是观测到的驻极体滤料电荷衰减的主要原因。高温常压低湿度条件下，沉积电荷衰减与偶极电荷的介电松弛共同导致了驻极体滤料电荷显著衰减。

3.4.2　沉积电荷的传导

3.3.1 中，无论理论分析还是实验结果都表明沉积电荷的衰减是驻极体滤料电荷衰减的重要原因，且高湿、高温都会加速沉积电荷的衰减。本节从电荷传导的角度分析了沉积电荷的衰减规律，并通过总结的规律解释了湿度、温度、沉积颗粒物对驻极体滤料电荷衰减的影响。根据欧姆定律：

$$I=\frac{V}{R} \tag{3-3}$$

有一块如图 3-28 所示的材料，截面积为 $10^{-6}m^2$，长度为 1m，材料两端施加电压 V。当图 3-28 所示材料分别是导体铜和绝缘体 PTFE 滤料时，可以通过式（3-3）得出材料的电阻，见表 3-8。

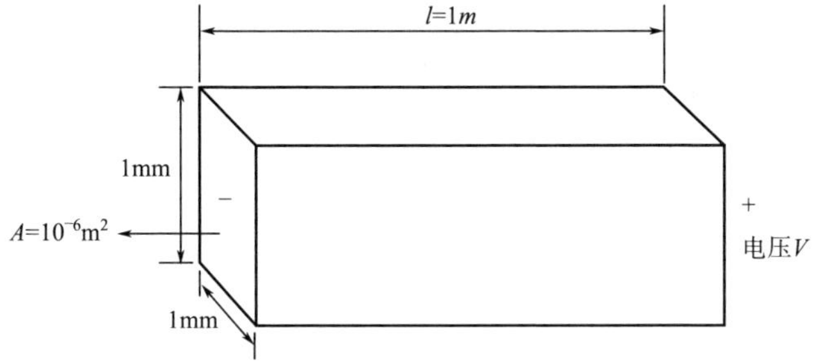

图 3-28　材料两端施加电压 V 示意图

表 3-8　图 3-28 给定条件下导体铜和绝缘体 PTFE 滤料的电阻

材料	电阻率/(Ω/m)	电阻/Ω	电压为 1000V 时电流/A
铜	10^{-8}	10^{-2}	$\sim 10^{5}$
PTFE	$10^{18}\sim 10^{19}$	$10^{24}\sim 10^{25}$	$10^{-22}\sim 10^{-21}$

常温下，材料两端施加 1000V 电压（该电压值约等于撤去外部电场后 PTFE 驻极体滤料表面电势），如果材料是铜，电流高达 10^5A，如果材料是 PTFE，电流仅为 $10^{-22}\sim 10^{-21}$A。可见，在常温下，PTFE 驻极体滤料上的电荷通过滤料本身传导而衰减的可能性可以忽略。将图 3-28 中的材料替换为干燥空气，常温下干燥空气的电阻率约为 $1.3\times 10^{16}\sim 3.3\times 10^{16}\Omega/m$，取中间值 $2.3\times 10^{16}\Omega/m$，

则在 1000V 电压下产生的电流约为 4.3×10^{-20}A。沉积电荷以干燥空气作为介质传导的概率非常小，这是常温常压低湿度条件下，驻极体滤料电荷衰减缓慢的原因。接下来，在常温条件下，将图 3-28 中的材料替换为水，水的电阻率约为 20Ω/m，则在 1000V 电压下产生的电流约为 5×10^{-5}A。尽管这仍是一个很小的值，但与干燥空气、PTFE 滤料中产生的电流强度相比，水中产生的电流强度大幅提高，沉积电荷以水作为介质传导的概率大幅增加，这是常温下湿度升高驻极体滤料表面电荷加速衰减的原因之一。

通过电荷传导也可以用来解释不同颗粒物沉积到驻极体滤料上，电荷衰减程度存在差异的原因。在颗粒层对驻极体滤料稳定性影响的实验中，使用了碳烟颗粒和 NaCl 颗粒，这些颗粒最终沉积在驻极体滤料纤维表面或缺陷处，把图 3-28 中的材料看作被相应颗粒物替代，并通过式（3-3）计算出符合图 3-28 给定条件的不同颗粒物内产生的电流。碳烟颗粒和 NaCl 颗粒的电阻率（电导率的倒数）分别为 0.6Ω/m 和 $10^7\sim10^8$Ω/m。1000V 电压下碳烟颗粒与固体 NaCl 颗粒内产生的电流分别为约 1.7×10^{-3}A 和 10^{-10}A。因此，具有较高电导率的碳烟颗粒会加速驻极体滤料中电荷的传导耗散，这与实验结果吻合。

前面的分析中一直强调常温条件，这是因为当温度改变时，材料的电阻也随之改变，且随温度变化导体与绝缘体的电阻变化规律不同。对于一个导体，当温度升高电阻随之升高，其内在原因是温度升高使电子热运动加剧，而导体导电是依靠内部大量自由电子的定向移动，热运动的加剧阻碍了电子的定向移动，电阻升高。温度升高导致电阻升高也可以用数学模型表达，将式（3-3）改写为以下形式：

$$R=\frac{l}{A}\frac{m_e}{e^2n\tau} \tag{3-4}$$

式中：m_e 为电子的质量；e 为电子所带电荷量；n 为导体中自由电子的数量密度；τ 为自由电子与原子碰撞之前的时间间隙，当温度升高，电子热运动加剧，τ 会随之减小，而对于给定的导体，其电阻会升高。

而对于绝缘体，物体内电子被紧紧束缚，仅存在很少的自由电子，所以表现出较大的电阻。当温度升高，电子热运动加剧，绝缘体内电子获得更大的能量，松动或者挣脱束缚的电子增加，电阻减小。因此当温度升高时，PTFE 驻极体滤料的电阻减小，沉积电荷通过滤料本身传导的概率增加，这可能是温度升高驻极体滤料电荷衰减的原因之一。绝缘体电阻变化可以参照离子固体导电率随温度的变化，离子固体的电导率 $\sigma^{\pm}$ 为：

$$\sigma^{\pm}=v_0 \mathrm{e}^{-\frac{\Delta E}{kT}} \tag{3-5}$$

式中：v_0 为逃逸频率；ΔE 为电荷逃逸所需活化能（eV）；T 为温度（K）；k 为玻尔兹曼常数。

式（3-5）可表明，温度越高，离子固体导电率越大，即电阻越小。

前面讨论提到，随温度升高沉积电荷通过滤料本身传导可能是导致驻极体滤料电荷衰减的原因之一，因为空气也是通过离子导电，温度升高空气中离子浓度增大，导电率升高。与 PTFE 滤料本身相比，沉积电荷以空气（特别是湿度较大的空气）为介质传导的概率显然更大。

3.4.3 沉积电荷的屏蔽

通常提到静电屏蔽都是指金属对静电场的屏蔽，导体中有大量的自由电子，在电场力作用下几乎在瞬间就完成了重新分布以抵消外部电场作用。根据高斯定律［式（3-6）］，通过闭合曲面的电通量等于被曲面包围的所有电荷之和。在图 3-29（a）所示的实心导体和图 3-29（b）所示的空心导体中作高斯面，因为导体内部不存在自由电荷，电荷只分布在导体的外表面，即 $q_{内}$ 为 0，因此在导体内部电场处处为 0，这就是静电屏蔽的基本原理。

$$\oint_{闭合曲面} \boldsymbol{E} \mathrm{d}\boldsymbol{A}=\frac{1}{\varepsilon_0} \sum q_{内} \tag{3-6}$$

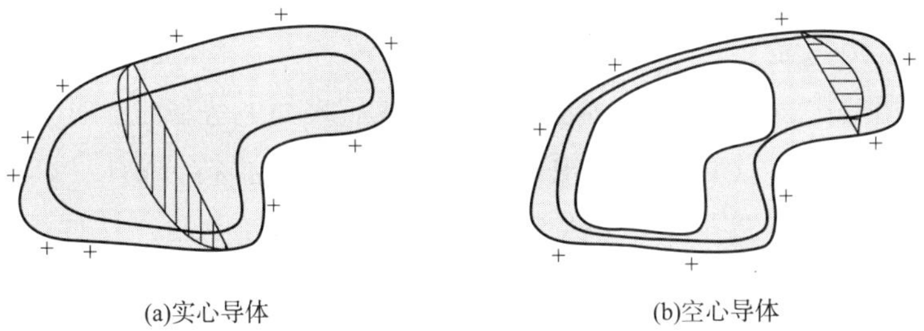

图 3-29　实心导体与空心导体内任一高斯面电荷分布示意图

在电介质材料中，不存在大量的自由电子，因此也不能形成足够的电场以完全抵消外部电场的作用。尽管如此，电介质材料中的束缚电荷以及电场作用下产生的极化电荷还是会对介质内的电场有一定的削弱作用。电介质中的高斯定理表述为：电位移矢量 $\boldsymbol{D}$ 通过静电场中任意封闭曲面的通量等于曲面内所有电荷（自由电荷和极化电荷）的代数和，数学表达为：

$$\oint_{闭合曲面} \boldsymbol{D}\mathrm{d}\boldsymbol{A} = \sum q_{内} \tag{3-7}$$

其中：

$$\boldsymbol{D}=\varepsilon_0\boldsymbol{E}+\boldsymbol{P} \tag{3-8}$$

式中：$\boldsymbol{P}$ 为极化强度矢量；不考虑方向只考虑数值的情况下，P 为电介质材料极化强度，其在数值上等于感应电荷密度 $\sigma_{极}$。在电介质内部，感应电荷密度 $\sigma_{极}$ 产生的电场 $E_{极}$ 为：

$$E_{极}=\frac{\sigma_{极}}{\varepsilon_0} \tag{3-9}$$

且电场 $\boldsymbol{E}_{极}$ 的方向与外部电场相反，式（3-8）可写为：

$$|\boldsymbol{D}|=\varepsilon_0|\boldsymbol{E}-\boldsymbol{E}_{极}| \tag{3-10}$$

根据式（2-9），即：

$$E-E_{极}=\frac{E}{\varepsilon_r} \tag{3-11}$$

ε_r 为电介质材料的介电常数。式（3-7）可得到另一种形式：

$$\oint_{闭合曲面} \frac{\varepsilon_0 E}{\varepsilon_r}\mathrm{dA} = \sum q_{内} \tag{3-12}$$

通过式（3-12）可知，在外部静电场 E 中，电介质材料的介电常数越大，内部净电荷代数和越小，通过任一曲面的电位移矢量通量越小，即削弱静电场的能力越强。

在本研究中，PTFE 驻极体滤料制备完成后表面电势稳定，介质内部形成了稳定的静电场。具有稳定静电场的 PTFE 驻极体滤料分别使用碳烟颗粒、A2 道路尘进行容尘实验，碳烟颗粒因为具有较好的导电性，其对驻极体滤料上的电荷屏蔽效应等同于导体，在这里不进行过多分析。A2 道路尘的主要成分是 SiO_2，SiO_2 是绝缘体，可通过式（3-12）进行分析。3.3.4 的实验结果表明，表面电势为 1500V 的驻极体滤料被 A2 道路尘容尘后表面电势降低为 150V。SiO_2 的介电常数为 4.5，根据式（3-12），被 SiO_2 覆盖的单位面积驻极体滤料的电场强度 E_{SiO_2} 为：

$$E_{SiO_2}=\frac{\varepsilon_0(V/l)}{\varepsilon_{SiO_2}} \tag{3-13}$$

式中：l 为电势测量探头距滤料的距离 5mm；V 为驻极体滤料表面电势。

经计算，E_{SiO_2}为66666V/m，对应此电场强度测得的电势值为333V。因此，理论上，1500V的驻极体滤料被A2道路尘屏蔽后表面电势应降低为333V，而实验值为150V。理论值与实验值之间的误差一方面是因为理论计算中默认电势测量探头距滤料的距离l的空间内充满A2道路尘，另一方面，尽管A2道路尘沉积在滤料之前经过静电中和器，但因为中和效率小于100%，不可避免地存在带电颗粒将驻极体滤料上的电荷中和。理论值与实验值之间的误差是可接受的，而实验值小于理论值也是合理的。

被A2道路尘屏蔽后的驻极体滤料清灰处理后表面电势恢复到1100V左右，较初始表面电势损失了400V。3.3.4中提到不可能将沉积的颗粒物完全去除，所以电荷屏蔽、电荷中和、电荷传导对损失的400V电势的贡献比例很难确定。在这里，通过高湿环境下驻极体滤料表面电势变化规律对这个问题进行深入分析。在较高湿度下，水珠也可看作一种颗粒物，驻极体滤料表面会形成一层液滴层，液滴层即是粉尘层。与其他粉尘层不同的是，液滴层可完全去除。3.2.3中驻极体滤料在高湿环境中电势变化情况为：初始表面电势1900V的驻极体滤料，高湿度放置一段时间后，表面电势达到最低值10V，完全干燥后电势恢复到1200V。根据式（3-12），被液滴覆盖的单位面积驻极体滤料的电场强度$E_{液滴}$为：

$$E_{液滴}=\frac{\varepsilon_0(V/l)}{\varepsilon_{水液滴}} \tag{3-14}$$

水的介电常数约为78.36，经计算，V为1900V时，$E_{液滴}$对应的表面电势为24V。完全干燥后，表面电势恢复到1200V，这意味着由于电荷传导或电荷中和而损失的电势为700V，而电荷传导或电荷中和发生在瞬间，因此1200V为测量时驻极体滤料表面被屏蔽前的真实电势值。经计算，V为1200V时$E_{液滴}$对应的表面电势为15V，显然这更接近实验值。以上结果表明，在实际测量中，通过非接触式表面电势测量仪测得的驻极体滤料表面电势为电荷被粉尘层屏蔽后的电势。

3.4.4　沉积电荷的中和

沉积电荷的中和比较容易理解，大气空间中自由电荷密度为$10^4 \sim 10^6$个/cm^3，在驻极体滤料自身电场作用下，与驻极体滤料表面电荷极性相反的电荷或带电颗粒沉积在滤料表面，导致滤料表面的电荷被中和。表面电荷被中和的速度和比例主要取决于周围介质中自由电荷的浓度。本文中各介质中带有自由电荷的离子浓度大小关系为：高温空气≥水>A2 道路尘（去除静电后）>干燥空气>碳烟颗粒（导体）。因此，在这些介质中，沉积电荷被中和的概率大小关系也是如此。本文中颗粒层沉积、过滤效率测试等涉及的颗粒物均经过静电中和器消除净电荷，因此电荷中和对本书中实验结果和理论分析的影响较小，在这里不做过多讨论。

3.5 本章小结

本章系统研究了驻极体滤料的电荷稳定性，实验结果表明驻极体滤料随时间推移表面电势先下降后趋于稳定；在高温条件下表面电势快速衰减；高湿、高颗粒物浓度条件下表面电势以一定速率衰减，干燥或去除颗粒物后表面电势可部分恢复；微波辐射、紫外线照射、高温蒸汽、有机溶剂浸泡等影响因素作用下表面电势均有不同程度的衰减。驻极体滤料过滤性能变化与表面电势变化规律一致。理论分析方面，分别从介电松弛、电荷传导、电荷屏蔽、电荷中和等角度分析了各个影响因素对驻极体滤料电荷衰减的内在作用机理。驻极体滤料随放置时间延长表现出的电荷衰减主要是由于沉积电荷的衰减，且沉积电荷通过空气传导衰减的可能性要大于通过滤料本身传导的概率；高湿条件下驻极体滤料的电荷衰减主要是沉积电荷通过空气中小液滴传导引起的；高温条件下偶极电荷与沉积电荷都会加速衰减，其中沉积电荷主要衰减途径为电荷传导与电荷逃逸；电荷屏蔽是颗粒物沉积导致滤料表面电势衰减的主要原因，且这类电荷在滤料清灰后可再生。

第4章

具有自发极化特性的电气石对驻极体滤料强化研究

第2章与第3章中对传统驻极体滤料制备过程以及电荷稳定性进行了系统研究，得出的结论为：电晕放电法制备的传统驻极体滤料包含的电荷类型为感应电荷与沉积电荷，且在各种影响因素下驻极体滤料过滤性能下降的原因主要是沉积电荷的衰减，高温时伴随着感应电荷的衰减。因此，制备高稳定性的驻极体滤料需要避免其过滤性能依赖于沉积电荷，且引入的电荷类型需受温度的影响较小。基于此原则，经过大量的调研以及实验筛选，选定了电气石这种天然驻极体材料用于高稳定性驻极体滤料的制备。电气石是一种典型的天然矿物驻极体，其具有压电性和热电性，在室温下电气石晶体表面存在“永久自发电极”。

电气石的自发极化特性是由其晶体本身的结构不对称导致的，电气石的晶体结构类似于偶极子，偶极子产生的电场与偶极电荷类似。同时，电气石的性能稳定，几乎不受外界环境因素的影响，加热到1000℃时其电极性才会消失。本章通过将电气石粉覆于针刺毡滤料表面形成电气石复合驻极体滤料，以微细颗粒物捕集效率为衡量标准，研究了电气石对微细颗粒物捕集效率的影响因素，并验证了其在高温等复杂环境中的电荷稳定性。

4.1 实验材料及实验方法

4.1.1 实验材料

电气石（tourmaline，以下简称TM）选用产自新疆（样品TM1）、桂林（样品TM2）和内蒙古（样品TM3）的电气石颗粒。首先通过Dino-Capture电子显微镜采集电气石颗粒图像，Imganaly 软件对图像处理分析后如图 4-1 所示，三种电气石颗粒初步筛分后粒径统计结果见表 4-1。在电气石粒径对过滤性能影响的实验中，为减小因粒径分布产生的影响，使实验结果具有比较性，三种粉体被精细筛分为 18~38μm、38~48μm 以及 48~58μm 三个粒径范围。

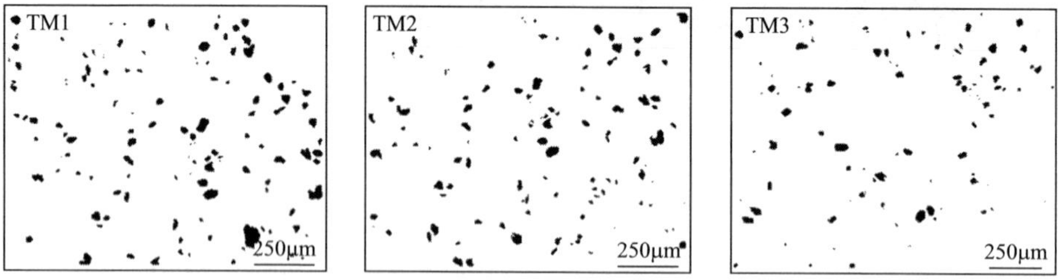

图 4-1　电气石颗粒粒径分析图像

表 4-1　三种电气石颗粒粒径统计结果　　单位：%

材料	粒径/μm					
	5	10	30	50	80	150
TM1	20.44	10.06	27.91	22.51	12.96	6.12
TM2	19.54	10.77	29.42	20.86	12.79	6.62
TM3	18.45	10.11	30.72	19.31	11.70	9.71

4.1.2　电气石复合驻极体滤料制备方法

根据电气石颗粒分散的方式，增强型驻极体滤料复合方法分为湿法和干法两种。图 4-2 为电气石颗粒湿法分散并与滤料基底复合过程示意图。将定量电气石粉分散在蒸馏水中，静止沉降一段时间后，电气石颗粒均匀附着在滤料基底表面，移除多余的水，经 80℃烘干 3h 去除水分，以热熔胶膜为黏合层、PP 非织造布为隔绝层，在 150℃热压面下处理 1min，胶膜熔化后将电气石颗粒与滤料基底粘连在一起，PP 非织造布主要作用是防止胶膜熔化后黏附在热压面上。

图 4-3 为电气石颗粒干法分散并与滤料基底复合过程示意图。具体步骤如下：筛选电气石颗粒，并充分干燥；将电气石颗粒通过压缩空气喷洒装置喷吹，均匀铺陈在混有低熔点纤维或铺有聚氨酯热熔胶膜的滤料基底上，使电气石颗粒的铺陈厚度≥1mm；热定型烘箱加热升温，使温度达到热熔胶膜的熔点；在该电气石颗粒层上方再次铺设热熔胶膜或支撑滤料以满足滤料的

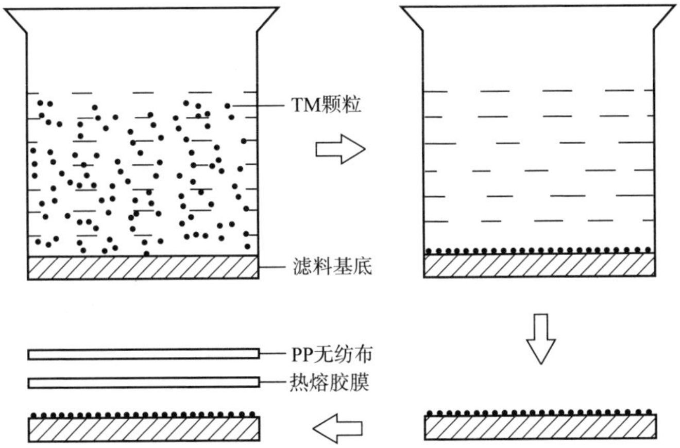

图 4-2　电气石颗粒湿法分散并与滤料基底复合过程示意图

结构需求，冷却后清除滤料基体表面残留的、未黏结和黏结不牢固的电气石颗粒直至复合驻极体滤料的重量不再变化为止，制得电气石复合驻极体滤料，经无粉尘过滤测试检验，电气石粉与滤料复合牢度高，未观察到电气石颗粒脱落现象。

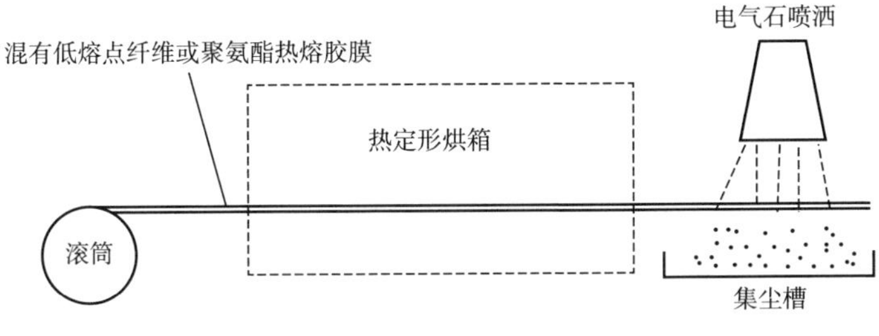

图 4-3　电气石颗粒干法分散并与滤料基底复合过程示意图

4.2 电气石参数对复合驻极体滤料过滤性能的影响

4.2.1 电气石纯度

电气石种类众多，本文选用的三种电气石（TM1、TM2、TM3）来自不同产地，因此首先对三种电气石进行了种类甄别。使用 X′Pert PRO 型多晶 X 射线衍射仪（XRD）对电气石物相进行分析，得到的分析图像通过 HighScore 软件在 ICDD 数据库中检索匹配。如图 4-4 所示，三种电气石的 XRD 衍射谱线均与黑电气石的主要特征峰吻合。颗粒的粒径分布等参数不同，所以特征峰衍射强度各不相同，但主要特征峰位置一致，不影响物相定性分析，判断 TM1、TM2、TM3 同属黑电气石。TM1、TM2、TM3 的区别在于纯度不同，硼是各类电气石的必要成分，通过化学滴定的方法测定 B_2O_3 含量进而确定硼含量后可以计算出电气石纯度。结果表明，TM1、TM2、TM3 的纯度分别为 87.52%、80.61%和 78.87%。

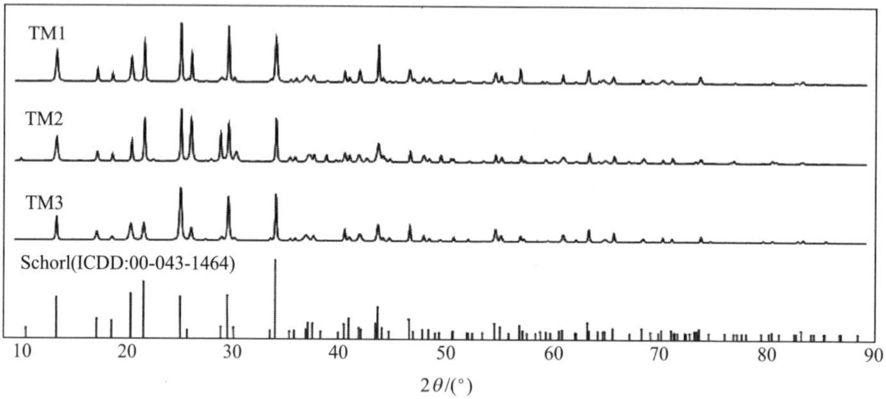

图 4-4　选用的三种电气石 XRD 衍射图谱

PTFE 滤料在储存及实验过程中自带静电荷可能会影响电气石颗粒静电吸附效应的分析，PPS 和 PET 滤料在本文中已经被证明不易携带静电荷，因此，本章中将三种电气石颗粒负载到 PPS 滤料基材上，并采用 PET 滤料作为保护层覆于最上层。为便于比较，负载到 PPS 滤料基材上的三种电气石颗粒数量保持一致，如图 4-5 所示，载有三种电气石的复合滤料阻力基本一致（阻力差异≤2Pa），且与未添加电气石的滤料相比阻力提升不显著。该结果表明，添加电气石颗粒到滤材上对其阻力的影响可以忽略。

如图 4-6 所示，添加有 TM1、TM2、TM3 的复合驻极体滤料对不同粒径颗粒物的过滤效率均高于未添加电气石颗粒的滤料样品。具有最高纯度的 TM1 对滤料的过滤效率提升幅度最大，对 0.3μm、0.5μm、0.7μm、0.9μm、1.0μm 颗粒物的过滤效率分别提升了 18.52%、18.01%、16.84%、15.76%、13.35%。与 TM1 相比，TM2 和 TM3 对滤料过滤效率的增强幅度较小，但规律一致，在 0.3~1μm 粒径范围内，TM 对复合滤料过滤效率提升幅度随着颗

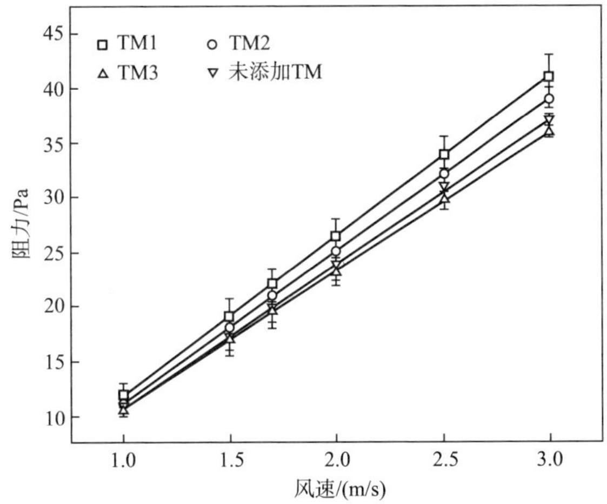

图 4-5　不同风速下电气石/针刺毡复合滤料的阻力

粒物粒径增大而减小。该实验结果表明，电气石颗粒的纯度越高，对复合驻极体滤料过滤效率的提升幅度越大。

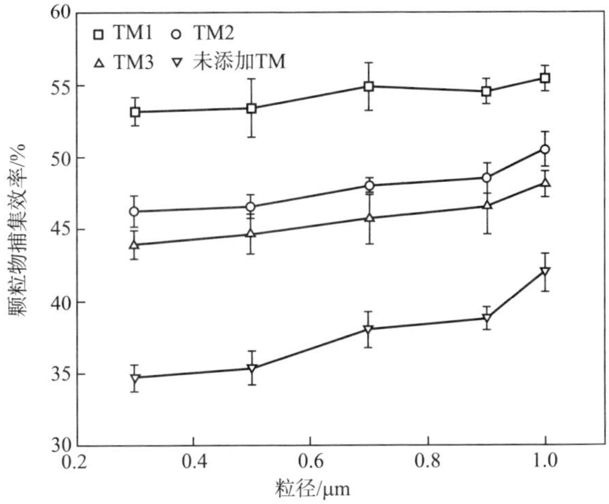

图 4-6　添加有不同纯度电气石颗粒的复合滤料对 0.3~1μm 颗粒物的过滤效率

电气石的自发极化特性与传统驻极体滤料对颗粒物的静电吸附作用类似，颗粒物越小受静电吸附效应的影响越大。传统纤维滤料对颗粒物的捕集主要依赖于机械过滤机理，包括扩散、拦截、惯性碰撞和重力沉降。机械过滤机理作用下，0.1~1μm 粒径范围内，颗粒物捕集效率随颗粒物粒径增大而增大，未添加电气石颗粒的样品过滤效率曲线与此一致。相比之下，驻极体滤料对微细颗粒物的过滤效率较大，因此过滤效率曲线相对平缓，添加有 TM1、TM2、TM3 的复合驻极体滤料过滤效率曲线与此一致。这是因为驻极体滤料除机械过滤作用外还存在静电吸附作用。颗粒物静电吸附作用对纤维滤料捕集效率的影响是无量纲常数 N 的函数，如式（4-1）：

$$N=\frac{neQC_c}{3\pi^2\varepsilon_0\mu d_p d_f U} \tag{4-1}$$

式中：n 为极性粒子数量；e 为单个粒子电性；Q 为纤维电荷密度；C_c 为修正系数；ε_0 为真空电容率；μ 为气体黏度；d_p 为颗粒物直径；d_f 为纤维直径；U 为过滤风速。

当滤料和电气石颗粒的基本参数确定，风速不变，颗粒物粒径越大，N 值越小，相应的静电吸附作用对过滤效率的贡献越小。如图 4-7 所示，可看到复合驻极体滤料对微细颗粒物过滤效率的提升更为显著。

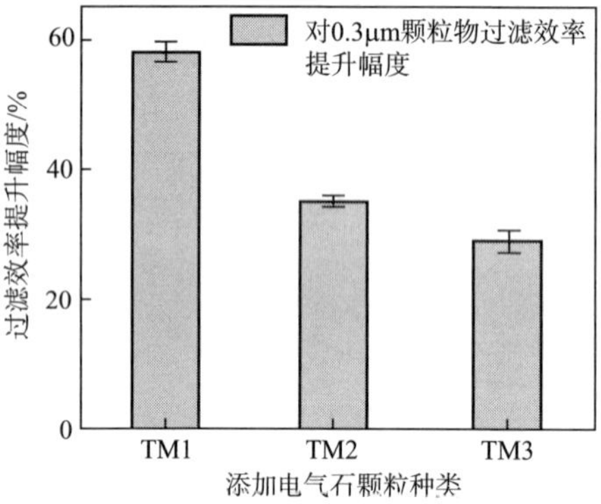

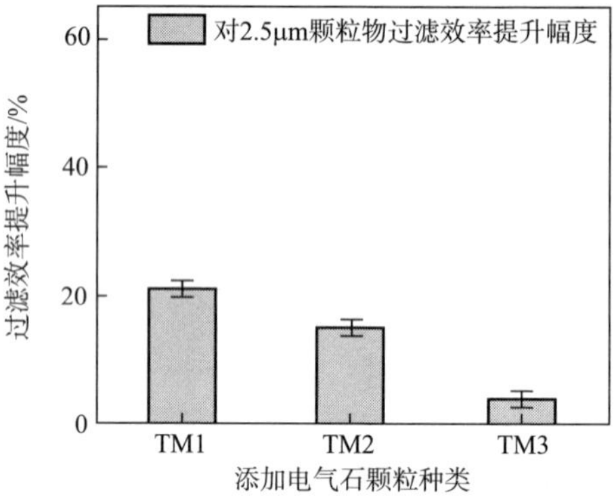

图 4-7　添加有不同纯度电气石颗粒的复合滤料对 0.3μm 和 2.5μm 颗粒物的过滤效率

为进一步分析电气石对颗粒物的吸附效果，对实验后一段时间的添加有 TM1 的复合驻极体滤料样品上电气石颗粒进行形貌分析，结果如图 4-8 所示。被捕集颗粒物聚集在电气石颗粒上或其周围区域，这进一步证明电气石通过电场作用吸附微细颗粒物。这些颗粒物中有直接被吸附的颗粒，也包括由于受电场力作用运动轨迹发生改变的颗粒，因与纤维的碰撞概率增加，进而被纤维捕集。与传统驻极体滤料一样，电气石颗粒处理过的滤料可以吸附电性相反的颗粒物，同时也能使中性颗粒物荷电，进而提高对颗粒物的捕集效率。

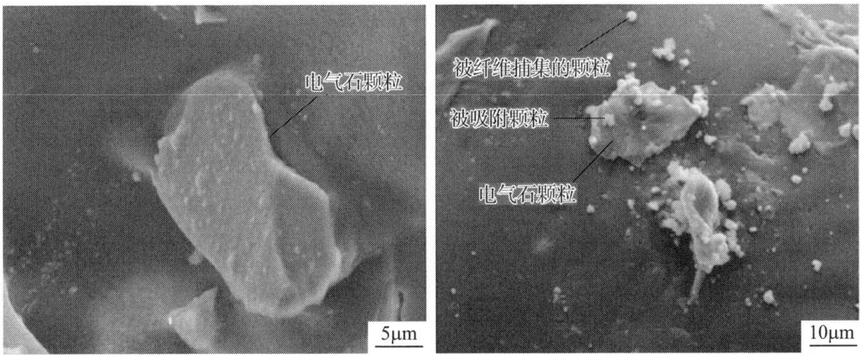

(a) 颗粒过滤效率测试前　　(b) 颗粒过滤效率测试后

图 4-8　添加有 TM1 的复合驻极体滤料的 SEM 图

4.2.2　电气石颗粒添加量及其粒径

图 4-9 为不同 TM1 添加量的电气石复合驻极体滤料的阻力特性曲线。结果表明，随着添加电气石颗粒浓度的增加，复合驻极体滤料的阻力随之上升。在阻力不一致的条件下，仅凭过滤效率的大小来评价电气石添加量对复合驻极体滤料过滤效率的提升是不合理的。基于过滤效率和阻力的综合考量，采用过滤品质因数 Q 来评价驻极体滤料的过滤性能，Q 定义为：

$$Q=\frac{\ln\dfrac{1}{P}}{\Delta p} \tag{4-2}$$

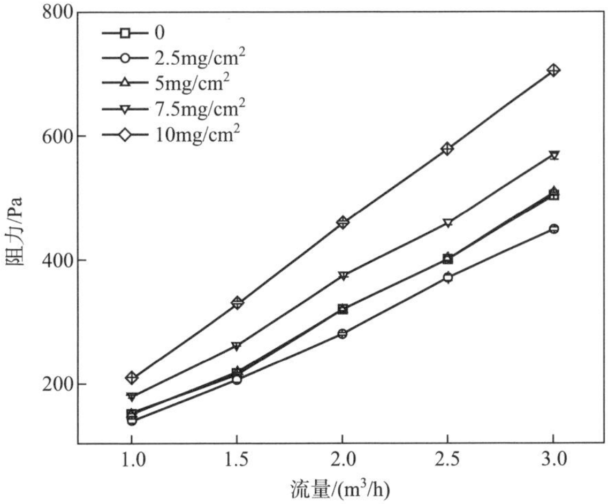

图 4-9　不同 TM1 添加量的电气石复合驻极体滤料的阻力特性曲线

式中：P 为滤料对特定尺寸颗粒物的穿透率；Δp 为滤料阻力。

图 4-10（a）为含有不同 TM1 添加量的电气石复合驻极体滤料对 0.3μm 颗粒物的过滤效率。随着电气石添加量的增加，复合驻极体滤料对 0.3μm 颗粒物的过滤效率逐渐升高。过滤效率的提高可能是电气石静电吸附作用和电气石颗粒堵塞滤料孔隙共同导致的，两种因素影响的大小很难区分。但是通过过滤品质因数 Q 的对比可以确定电气石最佳添加量。图 4-10（b）为含有不同 TM1 含量的电气石复合驻极体滤料对 0.3μm 颗粒物的过滤品质因数。当电气石添加量分别为 7.5mg/cm^2 和 10mg/cm^2 时，复合驻极体滤料的过滤品质因数小于未添加电气石颗粒的样品，此结果说明电气石含量过多的复合驻极体滤料整体过滤性能不增反降。在 0~5mg/cm^2 范围内，随着电气石添加量增加，驻极体滤料整体过滤性能呈升高趋势，在 5mg/cm^2 时复合驻极体滤料过滤性能达到最佳状态。

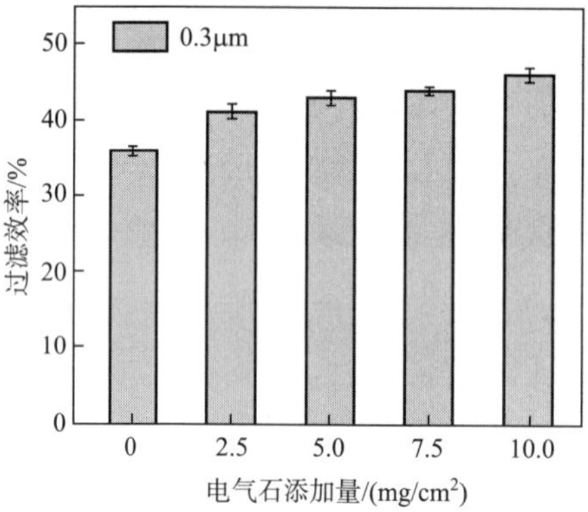

(a)过滤效率

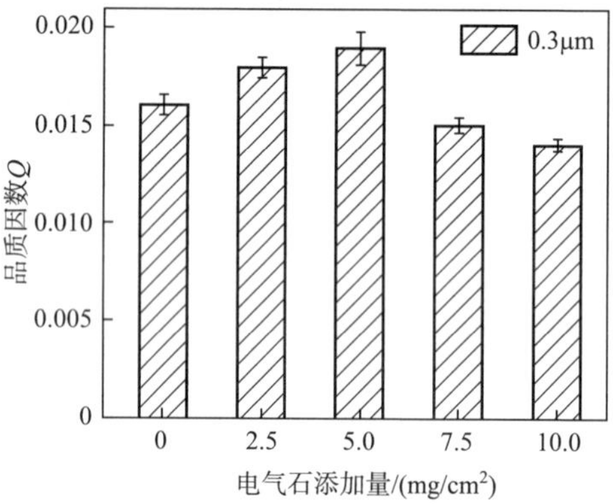

(b)品质因数

图 4-10　不同 TM1 添加量电气石复合驻极体滤料对 0.3μm 颗粒物的过滤效率和过滤品质因数

将不同粒径范围的 TM1 颗粒按照 5mg/cm^2 的添加量附着在滤料上，如图 4-11（a）所示，在添加量一致的条件下，粒径分别为 18~38μm、38~48μm、48~58μm 的电气石颗粒对复合驻极体滤料的阻力增加幅度接近。电气石颗粒粒径对驻极体滤料阻力的影响较小。在阻力一致的情况下，可以通过直接比较过滤效率来确定电气石粒径对过滤性能的提升。图 4-11（b）为含有不同粒径 TM1 的电气石复合驻极体滤料对 0.3~1μm 颗粒物的过滤效率。附着电气石颗粒粒径减小，复合驻极体滤料过滤效率的增强效果明显，负载 18～38μm 电气石颗粒的复合驻极体滤料对 0.3μm、0.5μm 和 1μm 颗粒物的过滤效率分别提高了 7.25%、9.28%和 9.63%，提升幅度均高于大粒径电气石颗粒对过滤效率的增幅。

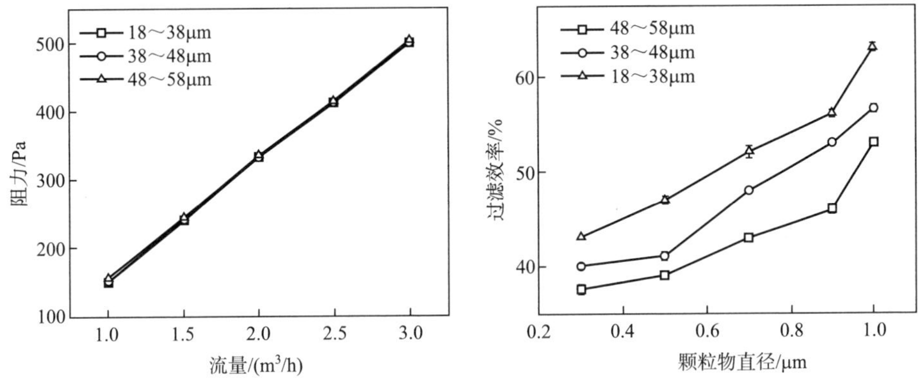

(a)阻力特性　　(b)对0.3～1μm颗粒物的过滤效率

图 4-11　负载有等量不同粒径 TM1 的电气石复合驻极体滤料的阻力特性和对 0.3～1μm 颗粒物的过滤效率

无论是电晕放电方法制备的驻极体滤料，还是电气石颗粒负载而成的驻极体滤料，其静电吸附作用对颗粒物的过滤效率都由所带电荷量决定。极性相同的静电荷累积后其静电吸附作用会叠加，相比之下，单个电气石晶体颗粒类似于一个偶极子，大粒径的电气石颗粒由多个晶体聚集而成，晶体的不同极性端相互吸引导致大粒径电气石颗粒整体不显电性或对外电场较弱，示意图如图 4-12 所示。当电气石添加量一致时，电气石颗粒越小其颗粒数量越多，且单晶自发极化特性越显著，驻极体滤料上的等效静电荷越多，对过滤效率的提升幅度越高。

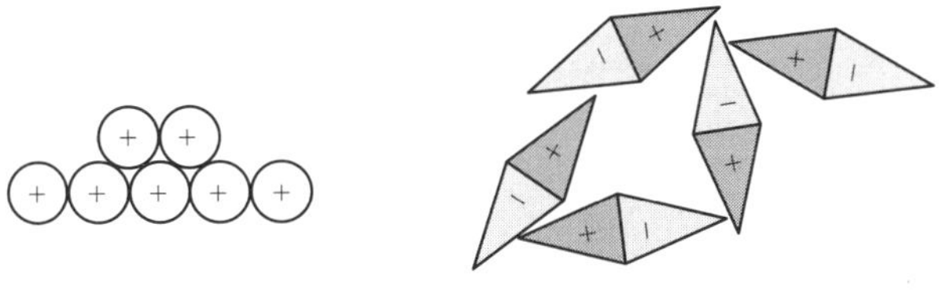
(a)静电荷示意图　　(b)电气石晶体颗粒示意图

图 4-12　静电荷与电气石颗粒等效偶极子示意图

4.3 电气石压电性能对复合驻极体滤料电荷密度的影响

电气石对驻极体滤料过滤效率的提升依赖于静电吸附机理。为研究电气石本身对颗粒物的吸附作用，降低滤料基材本身静电性能对结果的影响，将电气石颗粒负载到不易带静电的 PPS 和 PET 滤料基材上，并通过典型的驻极体滤料过滤效率计算模型分析电气石复合驻极体滤料的过滤效率变化规律。分析结果表明，典型驻极体滤料过滤效率计算模型中表面电荷密度的估算至关重要，而电气石复合驻极体滤料因为具有压电效应，其在动态过滤条件下的电荷密度要高于静态电荷密度。基于静态电荷密度的理论计算会大大低估电气石复合驻极体滤料的过滤性能。对此，通过压电性能测试，估算了动态过滤条件下电气石复合驻极体滤料的表面电荷密度。通过对驻极体滤料过滤效率计算模型中表面电荷密度的修正，使电气石复合驻极体滤料过滤效率的理论分析结果与实验数值更加吻合。对比理论分析结果与实验数值，确定了电气石复合驻极体滤料的过滤性能提升不仅依赖于自发极化效应，压电性能也对过滤效率具有显著的增强效应，具体分析过程如下。

电气石复合驻极体滤料的总过滤效率为滤料初始效率 E_i 与静电吸附增强效率 E_{σ_0}之和，其中 E_i 可直接通过实验测试得到。

$$E_{总}=E_i+E_{\sigma_0} \tag{4-3}$$

基于库瓦巴拉（Kuwabara）流场，电气石基于静电吸附机理，对中性颗粒物的单纤维过滤效率为：

$$E_{\sigma_0}=\left(\frac{1-c}{K_u}\right)^{\frac{2}{5}}\frac{\pi N_{\sigma_0}}{(1+2\pi N_{\sigma_0}^{\frac{2}{3}})} \tag{4-4}$$

其中：

$$c=\frac{2\alpha}{\pi} \tag{4-5}$$

式中：α 为固体质量分数。

K_u 为 Kuwabara 数，其定义式为：

$$K_u=-\frac{1}{2}\ln c-0.75+c-\frac{c^2}{4} \tag{4-6}$$

在实验中，采用的颗粒物都是经过静电中和器去除静电的中性颗粒，吸附在纤维上的电气石颗粒可以等效为偶极电荷。N_{σ_0} 为偶极电荷对中性颗粒捕获的无量纲常数：

$$N_{\sigma_0}=\frac{\varepsilon_{\mathrm{p}}-1}{\varepsilon_{\mathrm{p}}+2}\cdot\frac{2\sigma_{静}^2 D_{\mathrm{p}}^2 C}{3\varepsilon_0(1+\varepsilon_{\mathrm{p}})^2\mu D_{\mathrm{F}}v} \tag{4-7}$$

式中：ε_{p} 与 ε_0 分别为颗粒物和空气的介电常数；$\sigma_{静}$ 为复合驻极体滤料静态表面电荷密度（$\mu C/m^2$）；D_{F} 与 D_{p} 分别为纤维直径与颗粒物直径（μm）；v 是气流速度（m/s）；μ 是空气运动黏度（m^2/s）；C 是滑移修正系数。

C 可通过下式计算：

$$C=1+K_{\mathrm{u}}(1.257+0.4\mathrm{e}^{-\frac{1}{K_{\mathrm{u}}}}) \tag{4-8}$$

$$K_{\mathrm{u}}=\frac{2\lambda}{D_{\mathrm{p}}} \tag{4-9}$$

式中：λ 为气体分子的平均自由程。

静态下黑电气石表面电荷密度为 $110\mu C/m^2$。经统计，滤料样品上平均直径为 28μm 的电气石颗粒覆盖面积为 35%，因此电气石复合驻极体滤料的表面电荷密度约为 $38.5\mu C/m^2$。电气石复合驻极体滤料的参数见表 4-2。

表 4-2　电气石复合驻极体滤料参数

纤维介电常数	纤维直径/μm	温度/℃	风速/(m/s)	孔隙率/%	颗粒物介电常数	滤料电荷密度/($\mu C/m^2$)
4	36.8	25	1.5	60.57	5	38.5

通过式（4-3）、式（4-4）、式（4-7），得到了基于电气石复合驻极体滤料静态电荷密度计算出的对 50~1000nm 颗粒物过滤效率。如图 4-13 所示，静态电荷密度估算过滤效率远小于电气石复合驻极体滤料实测过滤效率。电气石的压电效应可能是导致常规驻极体滤料理论模型误差较大的原因，通过压电性能测试对此进行了详细分析。

电气石的压电效应，即在受到外部压力刺激时产生电信号。将电气石颗粒负载到纤维滤料上，在通风系统风压刺激下电气石产生压电信号，产生的压电电压对颗粒物具有吸附作用，因此可以提升复合驻极体滤料的过滤效率。压电电压导致电气石复合驻极体滤料的动态表面电荷密度高于静态表面电荷密度，为估算复合驻极体滤料的动态表面电荷密度，通过图 4-14 所示装置测试了电气石在不同压力刺激下的压电性能。

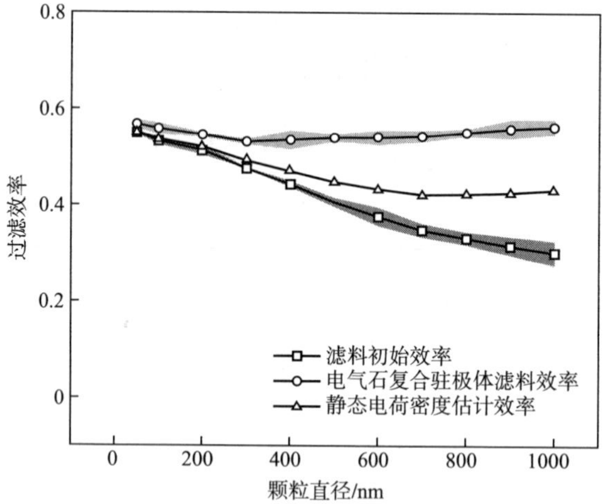

图 4-13 电气石复合驻极体滤料过滤效率实验值及
基于静态电荷密度的过滤效率计算值

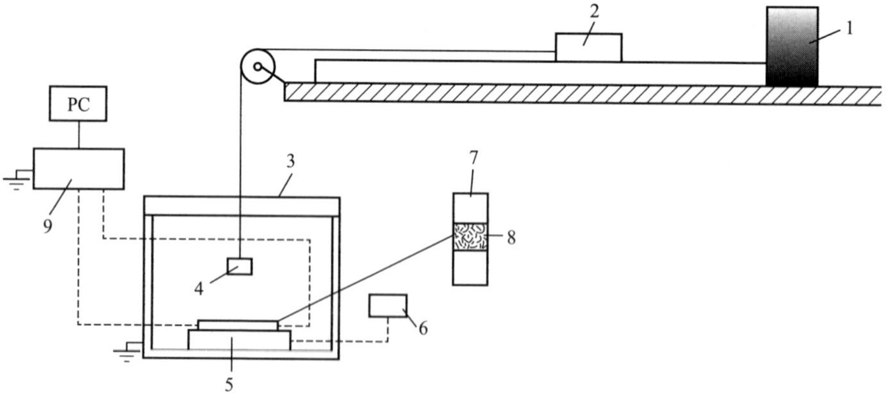

图 4-14 电气石压电性能测试装置示意图

1—步幅电机 2—周期性滑动模块 3—绝缘箱 4—绝缘敲击锤 5—压力传感器
6—信号接收器 7—铜电极 8—热/压电材料 9—信号降噪放大器

如图 4-15 所示，电气石的压电输出电压随着施加压力的增大而增大，根据压力与输出电压数据的拟合，得到图 4-16 所示的压力—输出电压峰值线性关系。在通风系统中，气流产生的风压 W_p 可通过下式计算：

$$W_p = \frac{1}{2}\rho v^2 \tag{4-10}$$

式中：ρ 是空气密度（kg/m^3）；v 是气流流速（m/s）。

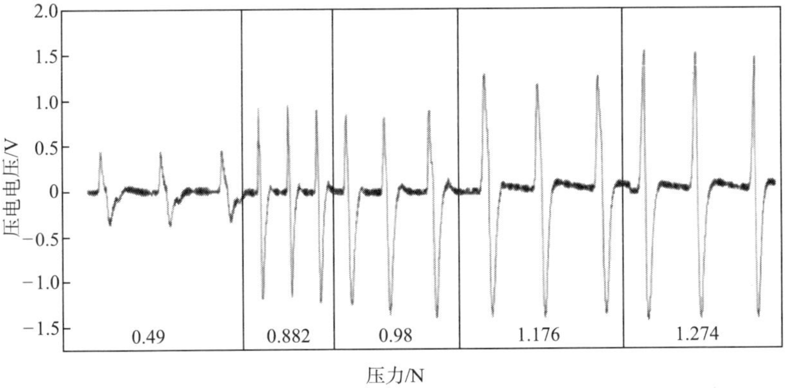

图 4-15　电气石粉末压电输出电压与施加压力的关系

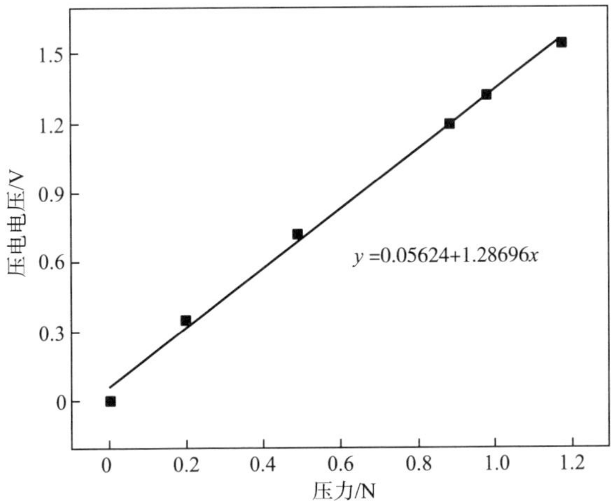

图 4-16　电气石粉末压电输出电压峰值与压力的线性关系

依据式（4-10）计算，在 1.5m/s 的风速下，通风系统中气流产生的风压为 $0.14\times10^{-2}N/m^2$，该风压下激发的电气石输出电压为 0.058V。

根据压电电压，动态电荷密度可由式（4-11）计算：

$$\sigma_{动}=E\varepsilon_0=\frac{V\varepsilon_0}{l} \tag{4-11}$$

式中：l 为复合驻极体滤料厚度（2mm）。

经计算，$\sigma_{动}$ 为 $29\mu C/m^2$，将该值代入式（4-7）得到式（4-12），并通过式（4-3）、式（4-4）可得到电荷密度修正后的复合驻极体滤料对 50～

1000nm 颗粒物的理论过滤效率，结果如图 4-17 所示。

$$E_{\sigma_0}=\frac{\varepsilon_{\mathrm{p}}-1}{\varepsilon_{\mathrm{p}}+2}\cdot\frac{2(\sigma_{\text{静}}+\sigma_{\text{动}})^2D_{\mathrm{p}}^2C}{3\varepsilon_0(1+\varepsilon_{\mathrm{p}})^2\mu D_{\mathrm{F}}v} \tag{4-12}$$

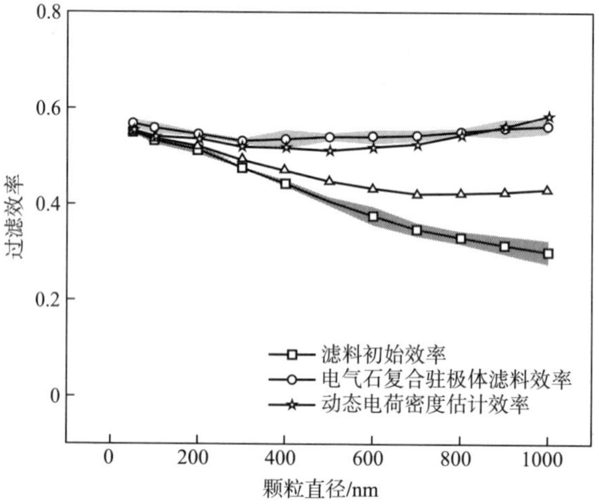

图 4-17　电气石复合驻极体滤料过滤效率实验值及基于动态电荷密度的过滤效率计算值

通过电荷密度的修正，驻极体滤料理论模型得到的颗粒物过滤效率可以较好地吻合。本节提出的电荷密度修正方法为具有压电性能的驻极体滤料过滤效率理论分析提供了新的思路，同时，分析过程表明压电驻极体滤料理论模型可以在压电电压的精确测量、电气石颗粒层本身机械过滤效率评估等方面进一步完善。此外，修正后理论分析数值与实测数值的较好吻合说明电气石复合驻极体滤料的静电吸附效率由自发极化特性与压电性能共同决定。

4.4 电气石复合驻极体滤料的电荷稳定性

第 3 章中的研究结果表明，传统驻极体滤料上的真实电荷在外界因素影响下衰减较快，严重降低了驻极体滤料在实际使用中的可靠性。本章探索并证明了通过负载电气石颗粒制备驻极体滤料是一条可行的路径，其自发极化特性与压电效应对滤料过滤效率的提升作用与静电荷相当。选择电气石是因为其本身晶体结构类似于偶极子，且其静电性能几乎不受外界因素影响。为验证电气石复合驻极体滤料的电荷稳定性，本节对负载有 TM1 的电气石复合驻极体滤料进行了稳定性评估。根据第 3 章实验结果，选取了温度、湿度、有机溶剂这三种对电荷衰减影响较为显著的因素对复合驻极体滤料进行处理并测试过滤效率，具体处理过程为：在 200℃ 的烘箱中放置 1h，常温静置 1h，反复 3 次；高温处理后，复合驻极体滤料放置在相对湿度为 85% 的高湿环境中 23d（传统驻极体滤料表面电势衰减至最小值所需时间）；高湿处理后样品浸泡于乙醇溶液中，取出晾干。

经以上处理后的样品进行过滤效率测试，结果如图 4-18 所示。老化后的电气石复合驻极体滤料对 0.3~2.5μm 颗粒物的过滤效率没有显著变化。而电晕放电方法制备的 PTFE 驻极体滤料在 100℃ 温度下，过滤效率明显下降（3.2.2）。一般工业烟气温度在 150℃ 左右，电气石的静电吸附作用也可在工业烟气处理中应用。研究表明，在 850℃ 时黑电气石表面开始分解形成新物相，500℃ 时黑电气石表面 Fe^{2+} 开始氧化成 Fe^{3+}，但电气石结构没有发生变化。200℃ 对电气石的理化特性没有影响，其自发极化特性可以继续发挥对颗粒物的静电吸附作用。与第 3 章中经过高湿或有机溶剂处理后的传统驻极体滤料相比，电气石复合驻极体滤料不受湿度和有机溶剂的影响。综上，电气石复合驻极体滤料实现了过滤效率的提升以及高稳定性。

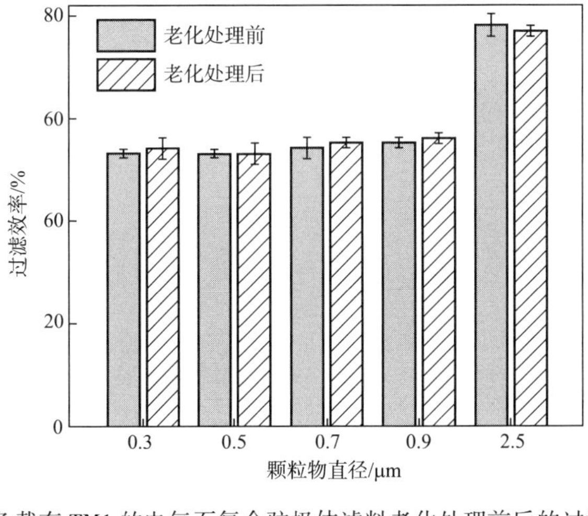

图 4-18　负载有 TM1 的电气石复合驻极体滤料老化处理前后的过滤效率对比

4.5 本章小结

本章中，使用具有自发极化特性的电气石颗粒与针刺毡滤料基底复合，制备出了电气石复合驻极体滤料。以过滤效率和过滤品质因数为评价指标，详细研究了电气石纯度、粒径、含量对复合驻极体滤料过滤性能的影响。实验结果表明，随着电气石纯度的提高、含量的增加、粒径的减小，电气石复合驻极体滤料对微细颗粒物的过滤效率提升幅度增大。在高温、高湿、有机溶剂等因素作用下，电气石复合驻极体滤料过滤效率不受影响，实现了效率提升与电荷高稳定性的目标。理论分析表明，除自发极化特性外，电气石的压电性能是其对微细颗粒物过滤效率提升显著的重要原因。因为压电效应的存在，传统驻极体滤料过滤效率理论模型不能准确分析电气石复合驻极体滤料的过滤效率。本章提出的动态电荷密度估算方法可以修正驻极体滤料理论分析模型，使理论分析值与实验值更加吻合，同时借助于修正后模型可以证明压电效应对电气石复合驻极体滤料过滤效率的影响。

第5章

纳米纤维膜对工业除尘滤料过滤性能增强研究

工业除尘领域使用的传统针刺毡滤料针对全尘设计，其对微细颗粒物的捕集效率较差。为了改善此问题，常在其表面覆膜以提高过滤性能。目前广泛采用的是 PTFE 薄膜，因为其具有较强的耐酸碱性、耐高温性及优越的过滤性能。PTFE 膜是由拉伸工艺形成的，虽然其过滤效率高，但其阻力也极大。因此迫切需要具有较高过滤效率且维持较低阻力的薄膜，从而全面提升覆膜滤料的过滤性能。近年来，由于纳米纤维优越的性能，纳米纤维膜复合滤料成为过滤领域的研究热点。虽然纳米纤维膜在空气过滤领域的应用已经非常普遍，但是在工业除尘领域的应用鲜有报道。

本文选取工业除尘领域常用的 PET 材料作为原材料，利用静电纺丝技术制备了适用于工业除尘领域的 PET 纳米纤维膜。理论和实践表明，纤维滤料对颗粒物的过滤效率随着纤维尺寸的降低呈现上升趋势，因此本章系统研究了纺丝电压、纺丝液浓度、纺丝距离对 PET 纳米纤维膜表面形貌的影响，找出了最小纤维直径的 PET 纳米纤维膜的制备条件，该条件即为本书制备 PET 纳米纤维膜的最佳纺丝参数。将 PET 纳米纤维膜与针刺毡滤料进行了简易复合，通过计数效率、阻力及透气率的测试，证明了本书制备的 PET 纳米纤维膜比工业上常用的 PTFE 薄膜具有更优异的过滤性能，在工业除尘领域具有较大的应用潜力。

5.1 实验材料及实验方法

5.1.1 实验材料

PET 树脂因具有良好的力学性能、耐温性和耐磨性广泛应用于袋式除尘材料。本章使用的原材料为美国杜邦公司生产的 PET 树脂颗粒，PET 树脂颗粒实物图如图 5-1 所示，性能参数见表 5-1。

图 5-1　PET 树脂颗粒实物图

表 5-1　PET 树脂颗粒性能参数

测试项目	测试数据	测试项目	测试数据
特性黏度/(dL/g)	0.85±0.015	色泽	白色
水分含量(质量分数)/%	≤0.4	甘醇含量(质量分数)/%	1.4±0.2
熔点/℃	248±1	乙醛含量/ppm	≤1.0

本章使用的化学试剂如下：

三氟乙酸：TFA，化学纯，济南新时代化工有限公司；

二氯甲烷：DCM，分析纯，国药集团有限公司。

本章使用的与纳米纤维膜复合的基材材料如下：

工业用 PPS 针刺毡过滤材料，抚顺新东方滤料工贸有限公司；

工业用 PTFE 覆膜针刺毡滤料，抚顺新东方滤料工贸有限公司。

5.1.2　实验设备

本章使用的所有仪器见表 5-2。其中，静电纺丝装置为上海东翔纳米技术有限公司生产的 DXES-01 型全自动静电纺丝仪，此设备包括精密注射泵、自动接收装置、高压电源、滑台及控制箱系统，DXES-01 型全自动静电纺丝仪实物图如图 5-2 和图 5-3 所示。

表 5-2　实验仪器及设备

名称	型号	供应商
全自动静电纺丝仪	DXES-01	上海东翔纳米技术有限公司
场发射分析扫描电镜	Ultra Plus	德国蔡司公司
数字式织物透气性能测定仪	YG(B)461E	温州大莱纺织仪器有限公司
粒子计数器	9306	美国 TSI 公司
磁力搅拌器	HJ-2A	湖南力辰仪器科技有限公司
精密天平	DTG160	沈阳拓宇衡器有限公司
压差计	510	德国 Testo 公司

图 5-2　DXES-01 型全自动静电纺丝仪

图 5-3　高压电源和控制箱

5.1.3 纳米纤维膜的制备方法

将一定质量的 PET 树脂颗粒溶解在 TFA/DCM（质量比为 4∶1）组成的混合溶剂中，配制成相应浓度的聚合物纺丝液，将纺丝液在磁力搅拌器上搅拌 6h 后置于通风橱中静置 2h 待用。静电纺丝过程使用的纺丝头均为内径 0.6mm 的金属针头，滑台间距设置为 30cm，滑台运行速度为 100cm/min，滚筒转速为 50r/min，推进泵推进速度为 1mL/h，静电纺丝环境的温度和湿度分别控制为（25±3）℃及（50±10）%。为了制备出最适合与工业除尘滤料复合的纳米纤维膜，本章以纺丝电压、纺丝液浓度、纺丝距离对纳米纤维膜形貌以及纤维尺寸的影响为评价标准，确定最佳的 PET 纳米纤维膜纺丝参数。研究各参数影响时采用控制变量法，固定其他参数不变，每次仅讨论单个参数对纳米纤维膜的影响。

为了研究 PET 纳米纤维膜在工业除尘领域的应用，将本书制备的 PET 纳米纤维膜与工业常用的 PPS 针刺毡滤料进行复合尝试，并与工业上常用的 PTFE 覆膜针刺毡滤料进行过滤性能的对比，进而确定 PET 纳米纤维膜的过滤性能是否满足在工业除尘领域对微细颗粒物捕集效率的要求。复合过程将 PPS 针刺毡滤料作为接收基材直接铺于接收滚筒上，然后将 PET 纳米纤维膜纺制于针刺毡滤料上，即上层为 PET 纳米纤维膜，下层为 PPS 针刺毡滤料。制备过程示意图如图 5-4 所示。

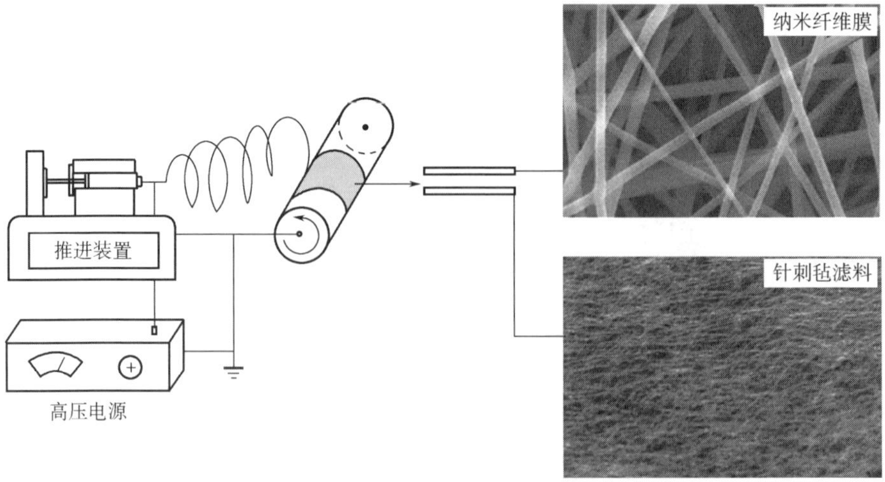

图 5-4　PET 纳米纤维膜制备示意图

5.1.4　测试与表征

5.1.4.1　纳米纤维膜表面形貌测试

采用 Ultra Plus 型场发射分析 SEM 分析纤维膜的结构、形貌以及纤维的尺寸，其分辨率为 0.8nm/15kV、1.6nm/kV，加速电压为 20～30V，放大倍数范围为 12 万～100 万倍。测试前，将待测的过滤材料切割为 8mm×8mm 的样品，并使用导电双面胶带粘贴在金属块上，对待测样品进行两次喷金处理后进行表面形貌测试。测试完成后使用 ImageJ 软件统计测量样品 SEM 图片中的纤维及珠粒的直径以及纤维和珠粒的数量。

5.1.4.2　纳米纤维滤料透气性测试

对不同针刺毡滤料透气率测试使用温州大莱纺织仪器有限公司生产的 YG（B）461E型数字式织物透气性能测定仪，仪器实物图如图 5-5 所示。测试时将待测样品裁剪为 12cm×12cm 的尺寸，分别测定了试样 50Pa、100Pa、127Pa、150Pa、200Pa 五个压差下的透气率。

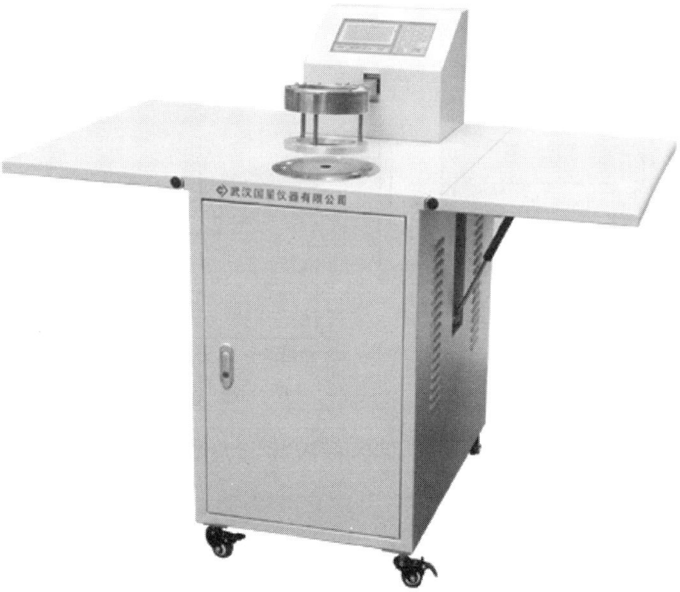

图 5-5　YG(B)461E 型数字式织物透气性能测定仪

5.1.4.3 纳米纤维滤料过滤性能测试

（1）微细颗粒物过滤效率测试

对于工业除尘用的针刺毡滤料的分级计数效率测试使用 TSI 9306 型粒子计数器，其测试示意图如图 5-6 所示。测试粉尘为大气尘，测试的颗粒物粒径包括 0.3μm、0.5μm、1μm、3μm、5μm、10μm；测试风速为 1.42m/min，采样流量为 2.84L/min。实验测试中，把 TSI 9306 粒子计数器分别接在被测滤料的上游和下游测量上下游某特定粒径粉尘的浓度，上下游的切换通过三通阀实现，每次测量 30s，循环 3 次。计数效率计算公式为：

$$\eta=\left(1-\frac{N_2}{N_1}\right)\times 100\% \tag{5-1}$$

式中：η 为过滤效率；N_1 为上游粒子数；N_2 为下游粒子数。

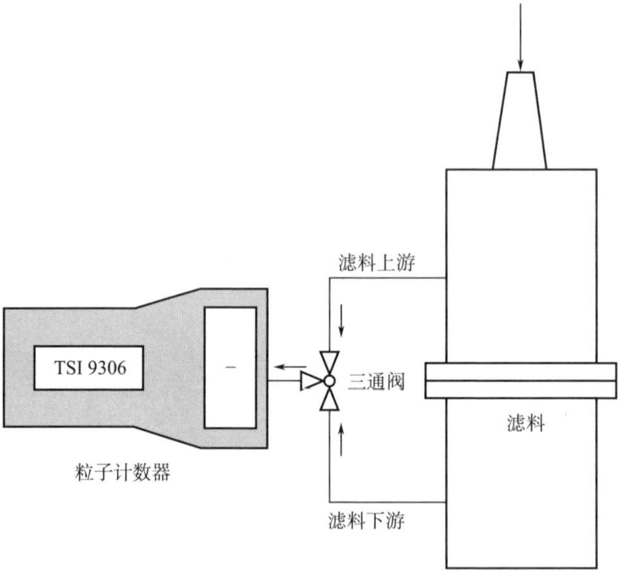

图 5-6 计数效率测试示意图

（2）滤料阻力测试

使用图 5-7 装置测试滤料的阻力，测试管道内的气流由风机驱动，流量计控制通过过滤材料的风速，滤料在不同风速下的阻力由压差计测量。

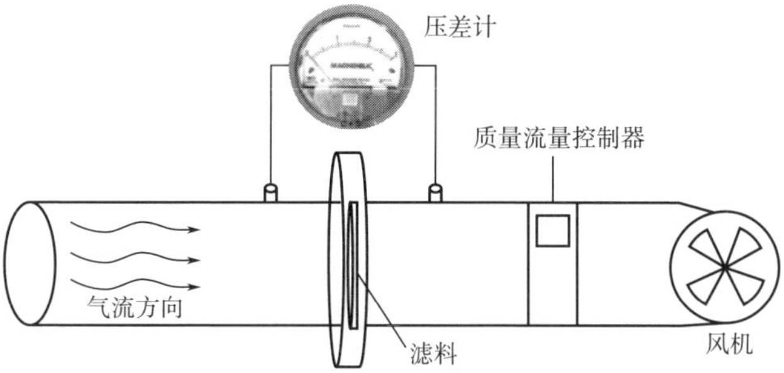

图 5-7　阻力测试示意图

5.2 纳米纤维膜最佳纺丝参数及其对过滤性能的强化

5.2.1　纳米纤维膜最佳纺丝参数

纤维直径的降低可以显著改善纤维滤料的过滤性能，因此制备更低直径尺寸的纤维对高效滤料的研发具有重要意义。本节 PET 纳米纤维的制备以更小纤维直径为目标，探索不同纺丝参数对纤维直径以及纤维膜形貌的影响，找出最小纤维直径的纺丝参数，确定制备 PET 纳米纤维膜的最佳纺丝参数。

5.2.1.1　纺丝电压对纳米纤维膜形貌的影响

纺丝电压是静电纺丝技术的关键参数，与传统纺丝技术相比，静电纺丝技术依靠施加在聚合物流体表面的电荷产生静电斥力来克服表面张力，从而产生聚合物溶液射流。溶剂经过挥发后，纤维固化并收集于接收装置上。静电纺丝过程中，若施加在流体表面的电荷斥力小于其表面张力，则未达到静电纺丝需要的临界电压，因此施加的纺丝电压不能过小。如图 5-8 所示，显示了施加不同纺丝电压（10kV、15kV、20kV、25kV）纤维在表面形貌及结构上的差异。为了直观观测纺丝电压对纳米纤维膜的影响，将静电纺丝接收距离控制为 21cm、纺丝液浓度为质量分数 12%、溶剂 TFA 与 DCM 的配比为4 : 1。

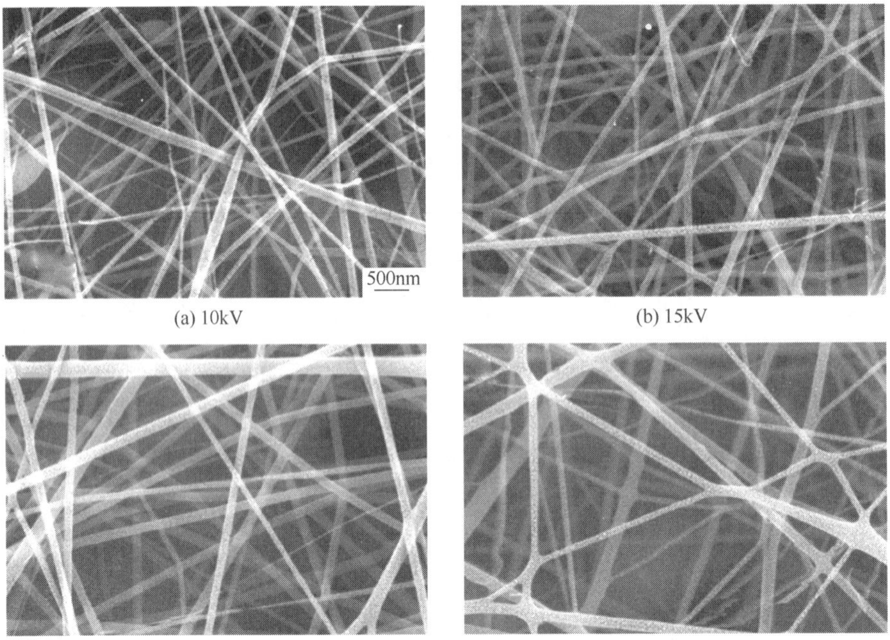

(a) 10kV　(b) 15kV　(c) 20kV　(d) 25kV

图 5-8　不同纺丝电压纤维形貌

当纺丝电压为 5kV 时，滚筒接收装置上仅观测到一些小液滴，并未收集到成型的纤维，因此 5kV 电压并未达到聚合物 PET 溶液所需的临界电压值，当纺丝电压升高至 10kV 及更高电压时，则可以收集到成型的纳米纤维膜。当纺丝电压为 10kV 时［图 5-8（a）］，PET 纳米纤维膜出现部分珠粒，纤维直径较细，产量较低。随机统计该条件下 100 根 PET 纳米纤维直径得出，纤维平均直径为 91. 8nm，纤维最大直径为 219. 1nm，纤维最小直径为 25. 5nm，统计样本方差为 44. 3nm，纤维分布不均的现象是由于纺丝电压较低，射流不稳定引起的。由图 5-8（b）可以观测到，当纺丝电压升高至 15kV 时，PET 纳米纤维膜中的珠粒较纺丝电压为 10kV 时减少。随机统计电压为 15kV 时 100 根 PET 纳米纤维直径，该条件下纤维平均直径为 89. 5nm，纤维直径最大值为 220. 3nm，最小值为 44. 6nm，统计方差为 32. 6nm。当纺丝电压继续由 15kV 升高至 20kV、25kV 时，如图 5-8（c）（d）所示，纤维膜均匀性变差，且纤维均出现了一定程度的粘连。纺丝电压为 20kV 及 25kV 时，随机选取 100 根纳米纤维测量，纳米纤维膜平均直径分别为 88. 7nm 及 78. 3nm，样本方差分别为 35. 9nm 和 22. 6nm，纤维直径统计的最大值和最小值等更多详细数据见表 5-3。

表 5-3　不同纺丝电压条件下纤维直径统计

纺丝电压/kV	最大值/nm	最小值/nm	平均直径/nm	方差/nm
10	219. 1	25. 5	91. 7	44. 3
15	220. 3	44. 6	89. 5	32. 6
20	202. 6	34. 1	88. 7	35. 9
25	122. 0	35. 8	78. 3	22. 6

由图 5-9 可知，随着纺丝电压的升高，纤维平均直径呈现下降趋势，且随着电压升高，纤维膜纤维数量增加。当电压为 10kV 时，纤维膜出现大量珠

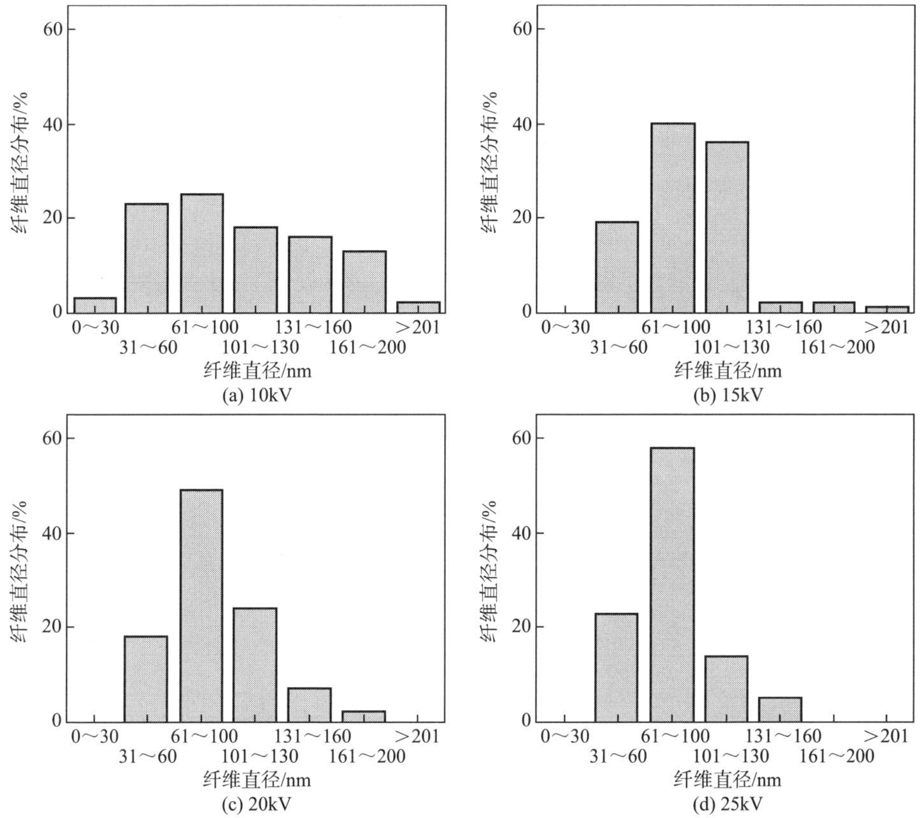

图 5-9　不同纺丝电压纤维直径统计

粒；当电压为 20kV 和 25kV 时，纤维膜均出现粘连。因此确定 15kV 为最佳纺丝电压。

5.2.1.2 纺丝液浓度对纳米纤维膜形貌的影响

当其他参数固定时，纺丝液浓度是影响黏度的重要参数。为了测试纺丝液浓度对纳米纤维膜的影响，纺丝过程固定纺丝接收距离为 21cm，纺丝电压为 15kV，溶剂 TFA 与 DCM 的配比为 4∶1，纺丝液质量分数在 12%、15%、18%、20%范围调整。

当纺丝液的质量分数为 12%时，如图 5-10 所示，纤维膜出现很多珠粒，这是由于聚合物溶液浓度较低，溶液黏度较低，聚合物流体在电场力作用下拉伸过程没有充分缠结，不能有效抵抗外力作用发生断裂，聚合物分子链的黏弹性作用趋于收缩，从而形成了聚合物珠粒。质量分数为 12%时，纳米纤维平均直径为 89.5nm，纤维最大直径为 220.3nm，纤维最小直径为 44.6nm，统计样本方差为 32.6nm。当纺丝液质量分数升高至 15%时，纳米纤维膜珠粒基本消失，随之纳米纤维平均直径也迅速增加，此时纤维平均直径为 331.1nm，纤维最大直径为 550.0nm，纤维最小直径为 156.8nm，统计样本方

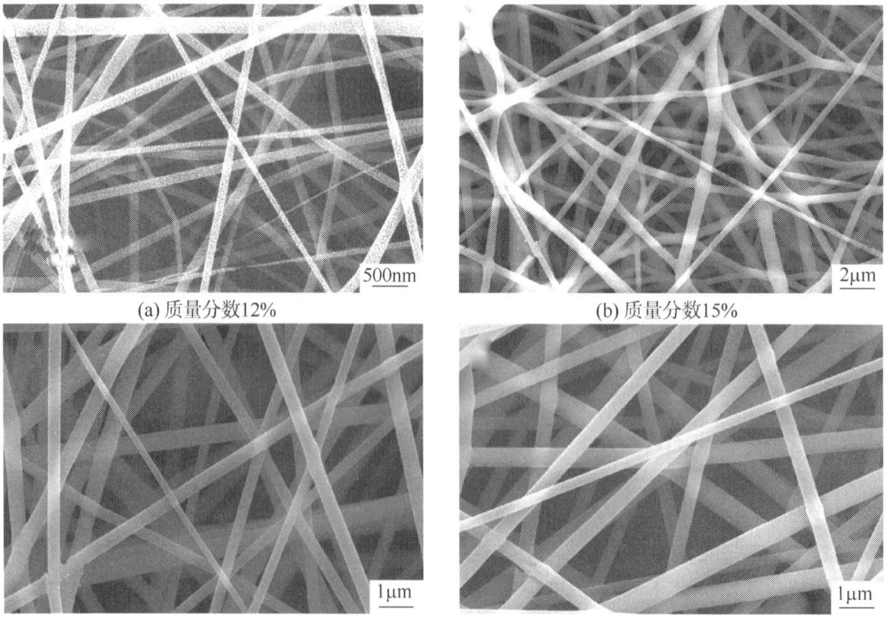

(a) 质量分数12%　(b) 质量分数15%　(c) 质量分数18%　(d) 质量分数20%

图 5-10　不同纺丝液浓度纤维形貌

差为 95. 5nm。继续升高纺丝液质量分数至 18%及 20%时，珠粒在纳米纤维膜中彻底消失，纺丝液质量分数为 18%时，纳米纤维平均直径为 350. 2nm，方差为 115. 9nm；纺丝液质量分数为 20%时，纳米纤维平均直径为 509. 0nm，方差为 139. 0nm。纳米纤维具体数据见表 5-4。

表 5-4　不同纺丝液浓度纤维直径统计

纺丝液质量分数/%	最大值/nm	最小值/nm	平均直径/nm	方差/nm
12	220. 3	44. 6	89. 5	32. 6
15	550. 3	156. 8	331. 1	95. 55
18	695. 2	137. 3	350. 2	115. 9
20	834. 0	242. 2	509. 0	139. 0

由图 5-10 和图 5-11 可知，随着纺丝液浓度的增加，纳米纤维平均直径

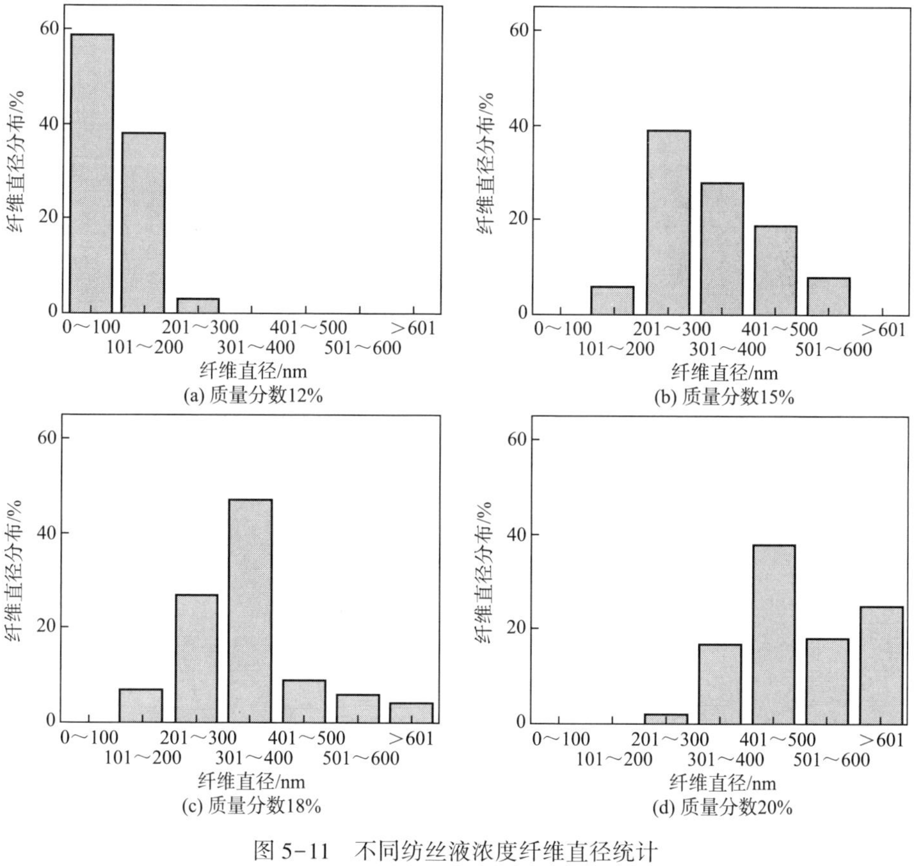

图 5-11　不同纺丝液浓度纤维直径统计

逐渐增加，当纺丝液质量分数为 12%时，纳米纤维膜出现大量珠粒；纺丝液质量分数升高至 18%时，珠粒消失；当纺丝液质量分数升至 20%时，纳米纤维平均直径迅速增大。当质量分数为 15%时，虽然珠粒已基本消失，但由于浓度较低，纤维均匀性相较于质量分数 18%时略差，且纤维平均直径与质量分数 18%时相差不大，因此确定质量分数 18%为最佳纺丝液浓度。

5.2.1.3 纺丝距离对纳米纤维膜形貌的影响

静电纺丝的接收距离（纺丝喷头尖端至纤维接收装置间的距离）直接影响聚合物流体在电场中的拉伸程度和飞行时间。在静电纺丝过程中，射流在电场中需要充足的时间拉伸、挥发、固化最终形成纤维，若飞行时间短，溶剂挥发不彻底，则影响纤维膜的整体形貌及性能。为了测试接收距离对纳米纤维膜的影响，纺丝过程固定纺丝液质量分数为 18%，纺丝电压为 15kV，溶剂 TFA 与 DCM 的配比为 4∶1，接收距离在 8cm、15cm、21cm、30cm 之间切换。

如图 5-12 所示，当纺丝接收距离为 8cm 及 15cm 时，纳米纤维膜均出现了不同程度的纤维粘连、纤维不均匀的情况，这是由于纤维接收距离过小，

(a) 8cm　(b) 15cm　(c) 21cm　(d) 30cm

图 5-12　不同接收距离纤维形貌

滚筒接收装置收集到纤维时仍保留大量未完全挥发的溶剂，影响了纤维的形貌。当接收距离继续升高至 21cm 时，纳米纤维膜粘连情况消失。由此可见 21cm 及以上的接收距离满足纤维拉伸充分、溶剂完全挥发、形成较细纤维的条件。当接收距离在 8～21cm 范围内增加时，纳米纤维平均直径由 520.3nm 减小到 350.2nm，当接收距离由 21cm 增加至 30cm 时，纳米纤维平均直径由 350.2nm 增加到 584.9nm（图 5-13）。因此接收距离对纤维直径具有双重作用，射流在电场中需要较大的接收距离充分拉伸，较大的接收距离有利于制得直径较小的纤维，然而接收距离增加一定程度时降低了电场强度，减小了射流的拉伸速度，随着拉伸作用的减弱，纤维直径会随之增加。纤维直径的具体数据见表 5-5。结合纳米纤维膜形貌的变化以及纤维直径的变化，可确定 21cm 为所需的最佳接收距离。

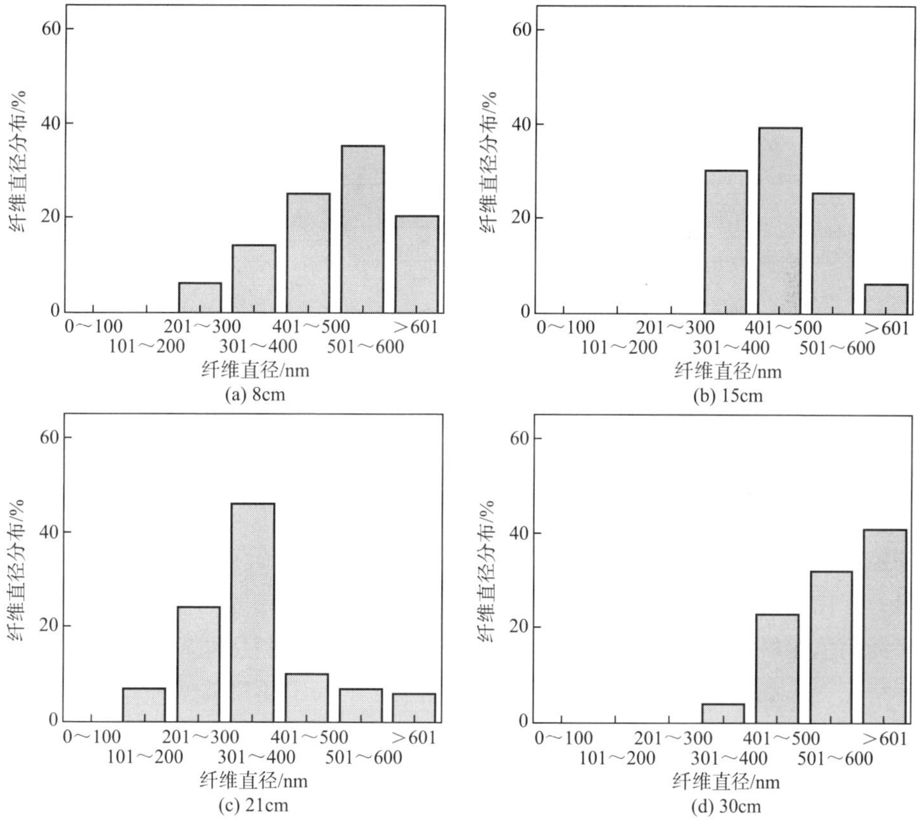

图 5-13　不同接收距离纤维直径统计

表 5-5　不同接收距离纤维直径统计

接收距离/cm	最大值/nm	最小值/nm	平均直径/nm	方差/nm
8	784.5	282.7	520.3	97.9
15	888.3	327.6	473.6	99.45
21	695.2	137.3	350.2	115.9
30	821.8	375.3	584.9	106.5

综上所述，基于纺丝参数对纳米纤维膜形貌的影响，本研究所选定的最佳纺丝参数为：纺丝电压为 15kV、纺丝接收距离为 21cm、纺丝液质量分数为 18%。在该条件下制备的 PET 纳米纤维膜成品如图 5-14 所示。

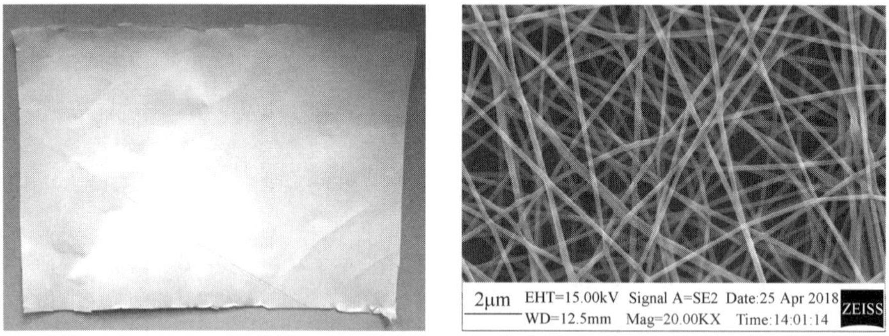

图 5-14　静电纺丝制备的 PET 纳米纤维膜及其微观图片

5.2.2　纳米纤维膜对工业除尘滤料过滤性能的强化

为了验证 PET 纳米纤维膜作为表面膜与针刺毡滤料复合使用的可能性，将 PET 纳米纤维膜直接纺制于 PPS 针刺毡滤料表面，作为纳米纤维膜复合针刺毡滤料使用。分别对 PET 纳米纤维膜复合前后 PPS 针刺毡滤料的透气性、阻力变化及对颗粒物的粒子计数效率进行测试，同时与工业上常用的 PTFE 覆膜针刺毡滤料进行了对比，研究 PET 纳米纤维膜对针刺毡滤料过滤性能的改善情况。本章使用的 PET 纳米纤维膜是在 5.2.1 确定的最佳纺丝条件下纺丝 3h 所制备的。PET 纳米纤维膜覆膜前后的滤料分别称为 PPS 针刺毡滤料及 PET 纳米纤维膜复合针刺毡滤料。

5.2.2.1　工业除尘滤料透气性的改善

透气性是衡量滤料过滤性能的重要指标，随着纺丝时间的增加，PET 纳米纤维膜克重不断增加，厚度不断增大，PET 纳米纤维膜复合针刺毡滤料的透气性能随之下降。纳米纤维膜若厚度较薄，则不能发挥优异的过滤性能，若厚度过厚，则会严重降低滤料的透气性，增加能耗。为了比较 PET 纳米纤维膜与 PTFE 膜作为覆膜，针刺毡滤料表面膜使用时的透气性，将 PET 纳米纤维膜与 PTFE 膜控制为相同的厚度，其厚度见表 5-6。PTFE 覆膜针刺毡滤料、PET 纳米纤维膜复合针刺毡滤料、PPS 针刺毡滤料在不同试样压差下的透气性如图 5-15 所示，随着试样压差的增加，三种针刺毡材料透气性均呈现上升趋势。两种覆膜针刺毡滤料在不同试样压差条件下的透气性都明显低于未覆膜的 PPS 针刺毡滤料，而 PET 纳米纤维膜复合针刺毡滤料透气性高于 PTFE 覆膜针刺毡滤料，随着试样压差增加，透气性差异逐渐增大。PTFE 膜为双向拉伸所形成的，其结构相对致密，而纳米纤维膜为纺制而成，不同的纳米纤维层堆积最终形成具有一定厚度的薄膜，其具有孔隙率高的特点，因此 PET 纳米纤维膜复合针刺毡滤料的透气性能优于 PTFE 覆膜针刺毡滤料。当试样压差由 50Pa 增加到 200Pa 时，PET 纳米纤维膜复合针刺毡滤料的透气性由 1.65$m^3/(m^2 \cdot min)$ 增加到 7.9$m^3/(m^2 \cdot min)$，PTFE 覆膜针刺毡滤料的透气性由 1.46$m^3/(m^2 \cdot min)$ 增加至 5.4$m^3/(m^2 \cdot min)$。

表 5-6　PET 纳米纤维膜和 PTFE 膜厚度

膜类型	PET 纳米纤维膜	PTFE 膜
厚度/μm	23.6	23.7

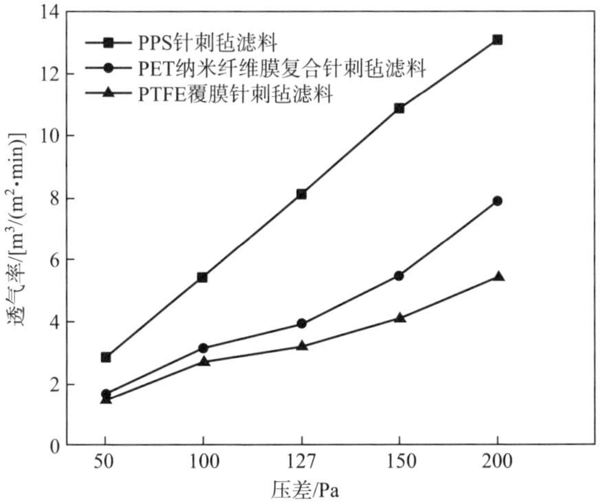

图 5-15　不同针刺毡滤料的透气性

5.2.2.2 工业除尘滤料阻力的优化

滤料的阻力是评价滤料过滤性能的重要参数，过高的阻力会严重影响滤料的使用寿命，增加运行成本，因此低阻高效是最理想的滤料性能。PET 纳米纤维膜复合针刺毡滤料、PTFE 覆膜滤料及 PPS 针刺毡滤料在不同测试风速下，其阻力曲线如图 5-16 所示。两种覆膜滤料（PET 纳米纤维膜复合针刺毡滤料及 PTFE 覆膜滤料）与 PPS 针刺毡滤料相比较，阻力均有很大幅度的增长，这是由覆膜后致密的表面膜所引起的合理增长。PET 纳米纤维膜复合针刺毡滤料在不同风速条件下的阻力明显低于 PTFE 覆膜针刺毡滤料的阻力，更低的阻力增长可以有效降低能耗，延长滤料的使用寿命。因此在常温烟气场所，从阻力增长的角度评价，PET 纳米纤维膜比 PTFE 膜在覆膜滤料的应用上更具有优势。

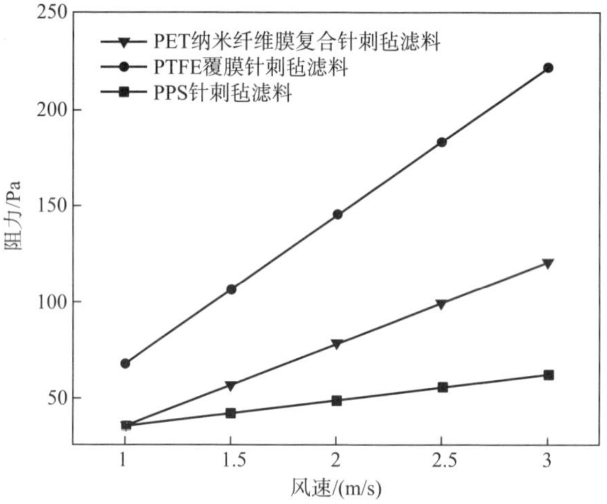

图 5-16　不同针刺毡滤料的阻力曲线

5.2.2.3 工业除尘滤料过滤效率的增强

滤料对颗粒物的计数效率使用大气尘作为尘源，针对粒径范围为 0.3~10μm 的颗粒物进行效率测试。PET 纳米纤维膜复合针刺毡滤料、PTFE 覆膜针刺毡滤料及 PPS 针刺毡滤料对不同粒径范围的颗粒物计数效率如图 5-17 所示，PPS 针刺毡滤料对于粒径在 1μm 以下的颗粒物计数效率均低于 80%，此结果暴露出了传统针刺毡滤料对微细颗粒物捕集效果较差的问题。PET 纳米纤维膜复合针刺毡滤料和 PTFE 覆膜针刺毡滤料对粒径在 3μm 以上的颗粒物的计数效率都达到了 100%，且两种覆膜滤料对粒径在 1μm 以下颗粒物的计数效率均高于 99%。而 PET 纳米纤维膜复合针刺毡滤料对 0.3μm 的颗粒物捕集效率明显高于 PTFE 覆膜针刺毡滤料。粒径为 0.3μm 的颗粒物是多数纤维滤料的最易穿透粒径，目前工业排放的烟气中，含有大量该粒径范围的颗粒物，因此对 0.3μm 颗粒物的捕集效率至关重要。针对微细颗粒物，PET 纳米纤维膜比 PTFE 膜具有更高的过滤效率，PET 纳米纤维膜可弥补针刺毡滤料对微细颗粒物捕集效率不足的缺陷。

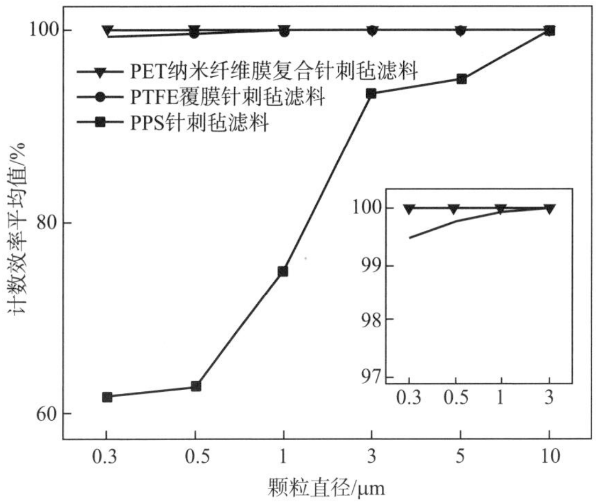

图 5-17　不同针刺毡滤料对颗粒物的计数效率

PET 纳米纤维膜复合针刺毡滤料较 PPS 针刺毡滤料而言，对微细颗粒物的过滤效率提升幅度明显，其中纤维直径是提升过滤效率的重要因素，纤维直径减小，单位面积内的纤维数量增加，纤维比表面积增加，其对颗粒物的捕集能力增强。纤维可等效为圆柱体，其比表面积 S' 定义为表面积 S 与体积 V 的比值：

$$S' = \frac{S}{V} \tag{5-2}$$

$$S = 2\pi rh \tag{5-3}$$

$$V = \pi r^2 h \tag{5-4}$$

由式（5-2）~式(5-4）可知，纤维的比表面积随着纤维直径的减小而增大，因此与传统微米级纤维相比，纳米纤维具有较高的比表面积。纤维比表面积增大与纤维直径减小是相对应的，而纤维直径直接影响纳米纤维膜的过滤性能。图 5-18 为单纤维捕集颗粒的过程示意图，假设颗粒物沿着函数为 ψ 的流场线运动，ψ 在纤维表面的数值为 0，则单纤维对颗粒的捕集效率 E_s 为：

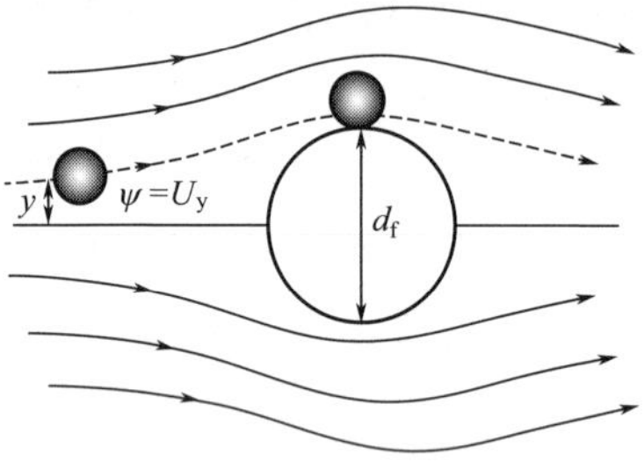

图 5-18　单纤维捕集颗粒过程示意图

$$E_s = \frac{2\psi}{Ud_f} \tag{5-5}$$

式中：d_f 为纤维直径。

由式（5-5）可知，纤维直径越小（比表面积越大），其对颗粒物的捕集效率越高。

与 PTFE 覆膜针刺毡滤料比较，PET 纳米纤维膜复合针刺毡滤料对微细颗粒物具有更高的捕集效率，同时具有更低的阻力，凸显了纳米纤维膜作为针刺毡滤料表面膜使用时低阻高效的特点。因此静电纺丝技术制得的 PET 纳米纤维膜展现了优异的过滤性能，弥补了工业除尘领域使用的针刺毡滤料对微细颗粒物捕集效果不足的缺陷，同时避免了 PTFE 膜导致的阻力增长迅速的问题。

5.3 本章小结

针对纳米纤维膜作为针刺毡滤料表面覆膜，在工业除尘领域应用的问题，本章展开了一系列的实验研究。以工业除尘领域常用的 PET 作为原材料，通过静电纺丝的方式成功制备了 PET 纳米纤维膜，并探讨了纺丝电压、纺丝接收距离、纺丝液质量分数对纳米纤维膜形貌以及纤维直径的影响，确定了 15kV 纺丝电压、21cm 接收距离、18%纺丝液质量分数时，PET 纳米纤维具有最小的平均直径，并将该条件确定为本研究需要的最佳纺丝参数。

在最佳纺丝参数条件下，纺制了 PET 纳米纤维膜，并将 PPS 针刺毡滤料作为接收基材，制备了具有上下两层的 PET 纳米纤维膜复合针刺毡滤料（上层为 PET 纳米纤维膜，下层为 PPS 针刺毡滤料）。通过透气性、阻力及粒子计数效率测试发现，PET纳米纤维膜与PPS针刺毡滤料的复合显著改善了针刺毡滤料对微细颗粒物的捕集效率，同时克服了PTFE覆膜针刺毡滤料阻力较大的问题。

从滤料本身过滤性能出发，制备的纳米纤维膜具有优异的过滤性能，具备作为覆膜针刺毡滤料表面膜使用的潜力。除了优异的过滤性能，要实现纳米纤维膜的工业应用还需解决纳米纤维膜与针刺毡滤料的复合问题。

第6章 纳米纤维膜与针刺毡滤料复合方法研究

近年来，纳米纤维膜与支撑基材复合形成新型高效滤料已经得到了广泛的关注及研究。然而纳米纤维膜本身力学性能较差，单独使用容易破损，因此常将纳米纤维膜与低阻低效的初效滤料结合，以充分发挥纳米纤维膜的自身优势。同时，静电纺丝技术制备的纳米纤维膜本身并没有黏性或较强的吸附性，如果不加外力作用，纳米纤维膜与基材的结合仅仅依靠静电纺丝过程的残余静电带来的微弱静电力，两者之间黏合力较弱，纳米纤维膜极易分层、脱落，影响其过滤性能的稳定发挥。常规的纳米纤维材料作为一次性材料用于单向风流（纳米纤维膜为迎尘面、基材在底端作为支撑材料使用），这种情况多为不需要反向清灰的空气净化场所。而用于袋式除尘滤料时，由于纳米纤维膜和基材间薄弱的复合牢度不足以抵挡高压气体对滤料的清灰喷吹处理，因此纳米纤维膜在袋式除尘技术中并未实现可靠的使用。由此可见，对反复压气清灰的袋式除尘滤料而言，提高纳米纤维膜与基材的复合牢度，在使用过程中保持黏合稳定性，使纳米纤维膜不从基材上脱落，是保证袋式除尘覆膜滤料可靠运行的关键，也是研究纳米纤维膜复合滤料的重中之重。纳米纤维用于空气净化材料时，其基材通常是表面平整光滑的滤纸；本实验研制的复合滤料要应用于工业袋式除尘领域，作为基材的针刺毡滤料由短纤维经过针刺而成，相对于滤纸，其表面多为纤维端头，呈现蓬松和不平整状态，在其上黏附纳米纤维膜存在很大困难。

本章在前期成功制备 PET 纳米纤维膜的基础上，尝试研究将 PET 纳米纤维膜与针刺毡滤料有效复合的方法与技术，通过过滤性能实验测试纳米纤维膜复合针刺毡滤料对颗粒物的捕集效率和阻力，以探索复合技术的可行性。以覆膜牢度、阻力和过滤效率为核心指标来表征复合的效果。

6.1 实验材料及实验方法

6.1.1 实验材料

实验使用的原材料为美国杜邦公司生产的 PET 树脂颗粒和广东鑫盛高分子科技有限公司生产的热塑性聚氨酯弹性体（TPU）。TPU 材料具备高张力、高拉力及良好的强韧和耐老化的特性，已广泛应用于医疗卫生、电子电器、工业及体育等方面，低熔点的 TPU 常作为黏胶剂应用于纺织、服装、皮革等领域，TPU 树脂颗粒性能表见表 6-1，实物图如图 6-1 所示。

表 6-1　TPU 主要特性表

测试项目	测试数据	测试项目	测试数据
密度/(g/cm^3)	1.21	色泽	半透明
硬度	80	抗张强度/Pa	31
玻璃体转化温度/℃	-37	伸长率/%	700

图 6-1　TPU 实物图

本章使用的化学试剂如下所示：

三氟乙酸：TFA，化学纯，济南新时代化工有限公司；

二氯甲烷：DCM，分析纯，国药集团有限公司；

四氢呋喃：THF，分析纯，国药集团有限公司；

N,*N*-二甲基甲酰胺：DMF，分析纯，国药集团有限公司。

本研究使用的与纳米纤维膜复合的基材材料以及热熔胶膜如下：

针刺毡滤料，抚顺新东方滤料工贸有限公司；

TPU 热熔无纺胶膜，上海恒凝新材料有限公司。

6.1.2 实验设备

本章使用的仪器及设备见表 6-2。

表 6-2 实验仪器及设备

名称	型号	供应商
全自动静电纺丝仪	DXES-01	上海东翔纳米技术有限公司
数显拉力计	DS2-5N	东莞时智取精密仪器有限公司
场发射分析扫描电镜	Ultra Plus	德国耐驰公司
磁力搅拌器	HJ-2A	湖南力辰仪器科技有限公司
同步热分析仪	STA449F3	德国耐驰公司
精密天平	DTG160	沈阳拓宇衡器有限公司
压差计	510	德国 Testo 公司
橡胶加热套	—	东台市正龙电热电器厂

6.1.3 纳米纤维膜与工业除尘滤料复合方法

6.1.3.1 直接覆膜法

将一定质量的 PET 树脂颗粒溶解在 TFA/DCM（质量比为 4∶1）混合溶剂中配制成质量分数为 18%的纺丝液，利用上海东翔纳米技术有限公司生产的 DXES-01 型全自动静电纺丝仪制备 PET 纳米纤维，使用针刺毡滤料作为接收基材，直接将 PET 纳米纤维膜纺制在基材上，制备为 PET 纳米纤维膜复合针刺毡滤料。为了与其他覆膜方法静电纺丝过程保持一致，该 PET 纳米纤维膜的纺制使用两个针头内径为 0.6mm 的注射器共同纺丝，两个注射器间隔放置。纺丝液推进速度为 1mL/h，滚筒转速为 50r/min，纺丝接收距离和纺丝电压分别为 21cm 和 15kV，纺丝过程环境的温度和相对湿度分别为 (25±3)℃和 (45±5)%。该方法制备的样品示意图如图 6-2 所示。

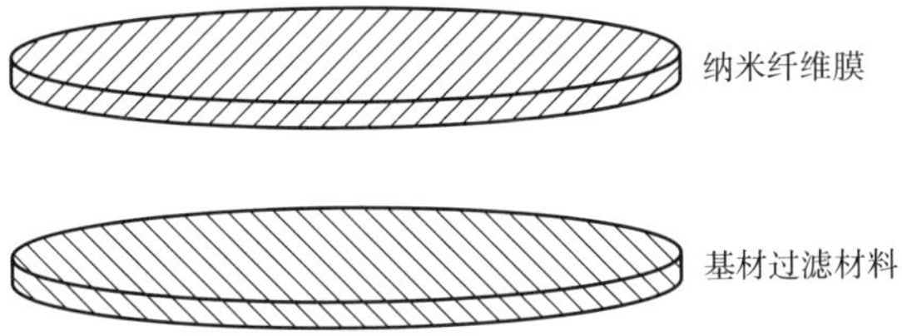

图 6-2　直接覆膜法样品示意图

6.1.3.2　三明治热处理覆膜法

将一定质量的 PET 树脂颗粒溶解在 TFA/DCM（质量比为 4∶1）混合溶剂中配制成质量分数为 18%的纺丝液，利用 DXES-01 型全自动静电纺丝仪制备 PET 纳米纤维，纺丝具体参数和直接覆膜法样品制备参数保持一致。使用 TPU 热熔胶膜作为接收基材，将 PET 纳米纤维膜纺制于 TPU 热熔胶膜上，然后采用热处理的方式将被覆有 PET 纳米纤维膜的 TPU 热熔胶膜和针刺毡滤料进行复合，覆膜过程示意图如图 6-3 所示。纳米纤维膜复合针刺毡滤料共三层，由上至下分别为 PET 纳米纤维膜、TPU 热熔胶膜及针刺毡滤料基底。将三层材料依次放入夹具中，其中 TPU 热熔胶膜既是 PET 纳米纤维膜的接收基材，又是覆膜过程的胶黏剂，其常温下呈现非织造布状态，当受热达到熔点后即可呈现熔融状态发挥胶黏剂作用。

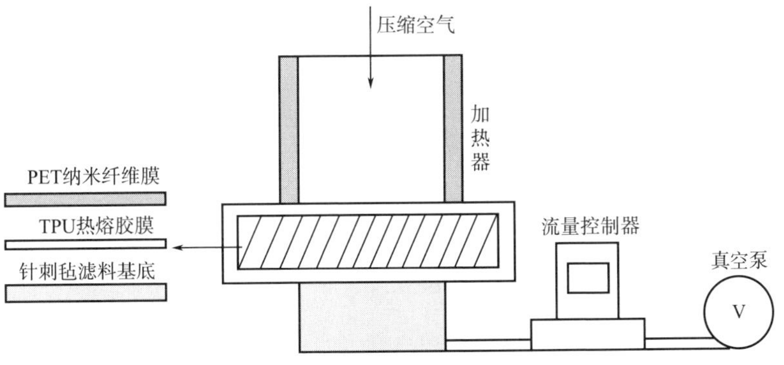

图 6-3　三明治热处理覆膜法

6.1.3.3　一步共纺覆膜法

将一定质量的 PET 树脂颗粒溶解在 TFA/DCM（质量比为 4∶1）混合溶剂中配制成质量分数为 16%的纺丝液；将一定质量的 TPU 胶粒溶解在 DMF/THF

（质量比为 4∶1）混合溶剂中配制成质量分数为 20%的纺丝液。利用 DXES-01 型全自动静电纺丝仪共纺聚合物纳米纤维，将针刺毡滤料作为接收基材放置于接收装置滚筒上，将 PET 和 TPU 纺丝液分别吸入两个针头内径为 0.6mm 的注射器中，将两个注射器间隔放置在注射泵上，并以 1mL/h 的推进速度均匀挤出进行共纺，共纺纤维直接纺制在基材上实现一步黏合。滚筒的转速为 50r/min，纺丝接收距离为 21cm，纺丝电压为 15kV，静电纺丝过程的环境条件保持温度为（25±3）℃，相对湿度为（45±5）%。共纺时，对 TPU 纺丝液的注射器进行加热包裹处理，将 TPU 的加热包裹温度设置为 105℃，一步共纺覆膜法示意图如图 6-4 所示。

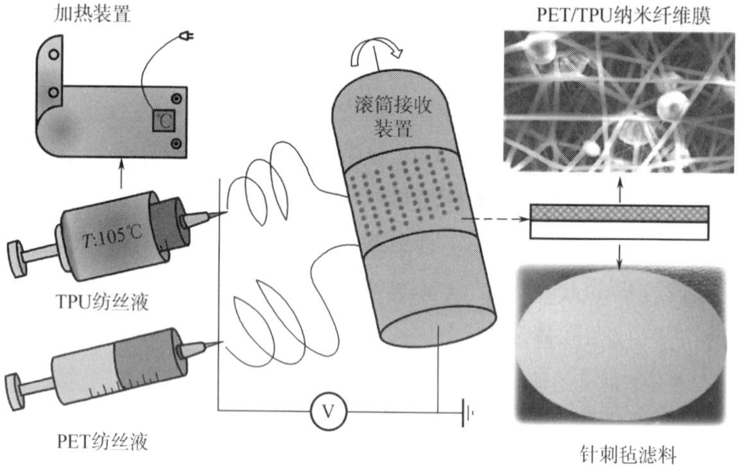

图 6-4　一步共纺覆膜法示意图

6.1.4　测试与表征

6.1.4.1　纳米纤维滤料覆膜牢度测试

覆膜牢度实验参考测试胶黏剂黏合强度的 90°剥离测试方法，检测不同纳米纤维膜与基材之间的黏合强度。图 6-5 为覆膜牢度测试示意图，将覆有不同纳米纤维膜的复合滤料切割成尺寸为 2cm×6cm 的样品，将其固定在稳定的平面上，同时将移动夹具固定在纳米纤维膜的表面，使用拉力机以 50mm/min 的恒定速度且保持 90°的方向将纳米纤维膜从基材上剥离，纳米纤维膜从基材上脱落时需要的力即为纳米纤维膜与基材间的黏合强度。使用的拉力机为

DS2-5N 型数显推拉力计，其量程为 0~5N，测试精度为 0.001N。

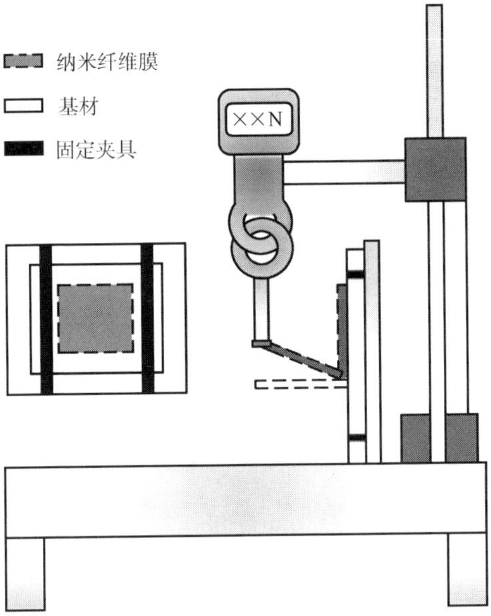

图 6-5　纳米纤维膜覆膜牢度测试示意图

6.1.4.2　纳米纤维滤料阻力及过滤效率测试

对于不同覆膜方法制备的纳米纤维膜复合针刺毡滤料，其阻力和过滤效率的测试方法与 5.1.4.3 中一致。本章不再重复介绍。

6.1.4.3　纳米纤维膜厚度及熔点测试

（1）厚度

使用液态环氧树脂将纳米纤维膜浸润后，对其进行风干固化处理。待纳米纤维膜彻底固化后对其切割成片，通过光学显微镜测量膜的厚度。

（2）熔点

差热分析（DTA）是指在程序控制温度下，测量试样与参考物的温度差随温度或时间变化的一种技术。它的原理是当物质在发生物理和化学变化时，将吸收或释放热量，在此过程中，通过记录与参考物的温度差可以得到差热分析曲线。通过分析差热曲线的峰值，可以得到材料的熔点温度。

本实验使用德国耐驰 STA449F3 型同步热分析仪分析 PET 纳米纤维膜及 TPU 热熔胶膜的熔点温度，进而找出热处理覆膜的处理温度。该仪器可直接得到差热分析的测试结果，其实物图如图 6-6 所示。

图 6-6　同步热分析仪

样品热稳定性测试步骤如下：

① 称取质量为 4mg 的待测样品并称量一个铝坩埚的质量。

② 将称量完的待测样品放入铝坩埚中并封闭，确保样品不会脱落。

③ 将装有样品的铝坩埚放入仪器中，设置 N2 程序做吹扫气和保护气，其升温速率为 10℃/min，起始温度为 28℃，截止温度为 550℃。

④ 开始差热分析测试，时间设置为 52min。

⑤ 利用 Proteus 软件分析 DSC 曲线，标定测试样品的峰值，确定其熔点的温度范围。

6.2 不同方法制备纳米纤维膜复合针刺毡滤料

6.2.1 直接覆膜法制备的纳米纤维膜复合针刺毡滤料

性能优异的滤料不仅要实现高效率，还要具有低阻力。然而滤料覆膜后其效率得到提升的同时，阻力也必然会随之增长。阻力的增长来自于两方面，一方面是纤维膜本身的阻力，另一方面是覆膜方法带来的阻力增长。直接纺丝法是利用静电纺丝技术，直接将纳米纤维膜纺制于针刺毡滤料上，这种方法不再使用其他后处理方式，能最大限度地保留纳米纤维膜的形貌，且不会给纳米纤维膜复合针刺毡滤料带来额外的阻力增长。本实验分别将纺丝时间为 0.5h、1h、1.5h 的 PET 纳米纤维膜与基材复合，将阻力与过滤效率变化作为纳米纤维膜复合针刺毡滤料的主要评价指标，同时进行覆膜牢度测试以综合衡量纳米纤维膜复合效果。不同纺丝时间的纳米纤维膜厚度见表 6-3。

表 6-3　直接覆膜法制备的不同纺丝时间 PET 纳米纤维膜厚度

纺丝时间/h	PET 纳米纤维膜厚度/μm	纺丝时间/h	PET 纳米纤维膜厚度/μm
0.5	14.6	1.5	36.1
1	24.3		

6.2.1.1　纳米纤维滤料覆膜牢度

如图 6-7 所示，不同纺丝时间的 PET 纳米纤维膜与针刺毡滤料通过直接覆膜法复合后，其黏合强度处于 0.05～0.08N/cm 之间。随着纺丝时间的延长，纳米纤维膜厚度增加，其黏合强度呈现微弱的下降趋势，由于其误差较大，总体来说，不同纺丝时间的纳米纤维膜与针刺毡滤料的黏合强度没有明显的差别。

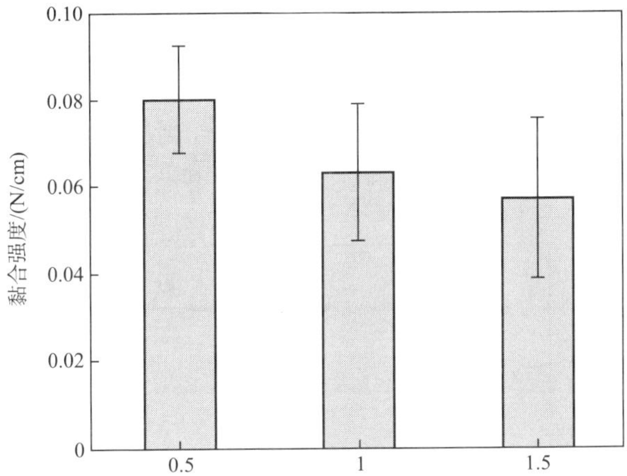

图 6-7　直接覆膜法制备的不同纺丝时间 PET 纳米纤维膜复合针刺毡滤料黏合强度

6.2.1.2　纳米纤维滤料阻力特性

对不同纺丝时间的 PET 纳米纤维膜复合针刺毡滤料在 5.33cm/s 的风速下测试了其阻力情况，未覆膜的针刺毡滤料（基材滤料）阻力为 69.64Pa。随着纺丝时间的增加，PET 纳米纤维膜厚度增加，与基材复合后阻力随之增加。

如图 6-8 所示，纺丝时间 0.5～1.5h 范围内，阻力以稍低速率在 82.64～130.10Pa 之间线性增长，纺丝时间由 1h 增至 1.5h 时，阻力增长较迅速，在 0.5～1.5h 范围内阻力增长速率为 47.46Pa/h。

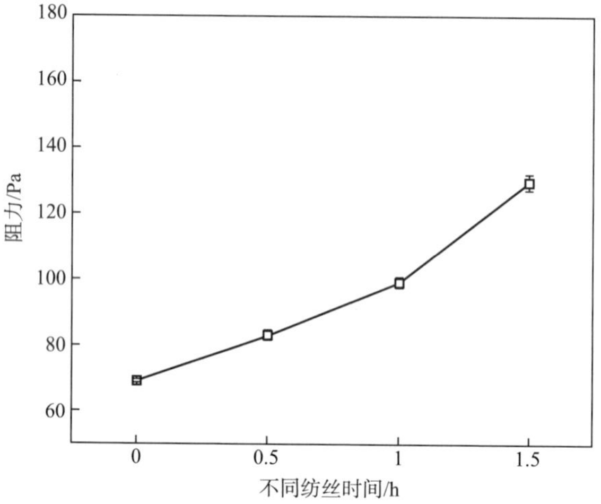

图 6-8　直接覆膜法制备的不同纺丝时间 PET 纳米纤维膜复合针刺毡滤料阻力

6.2.1.3　纳米纤维滤料过滤效率

对直接覆膜法制备的 PET 纳米纤维膜复合针刺毡滤料（纺丝时间为 1h 的 PET 纳米纤维膜）进行计数效率测试，测试结果如图 6-9 所示。为了与其他

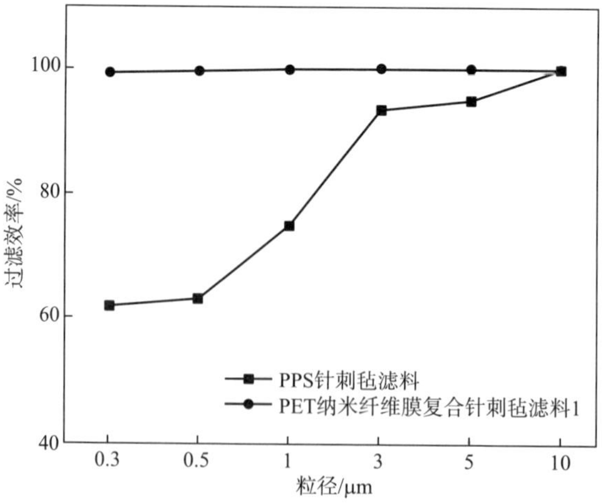

图 6-9　直接覆膜法制备的 PET 纳米纤维膜复合针刺毡滤料过滤效率

两种覆膜方法区分，将直接覆膜法制备的 PET 纳米纤维膜复合针刺毡滤料记作 PET 纳米纤维膜复合针刺毡滤料 1。由图 6-9 可知，针刺毡滤料与 PET 纳米纤维膜复合后，计数效率得到了极大的提升。PET 纳米纤维膜复合针刺毡滤料 1 对 0.3~1μm 颗粒物的过滤效率均达到了 99%以上，对粒径为 3~10μm 的颗粒物的过滤效率均达到了 100%。对颗粒物过滤效率的大幅度提升是纳米纤维膜的致密结构带来的。直接覆膜法制备的 PET 纳米纤维膜复合针刺毡滤料 1 对颗粒物的过滤效果提升明显，然而该方法制备的纳米纤维膜复合针刺毡滤料覆膜牢度差，纤维膜易脱落，因此该方法不能提供纳米纤维膜与针刺毡滤料的高覆膜牢度。

6.2.2　三明治热处理覆膜法制备的纳米纤维膜复合针刺毡滤料

三明治热处理覆膜法即引入胶黏层，将静电纺丝技术制备的纳米纤维膜与基材通过热处理过程使两者紧密黏合。许多学者利用这种方式提升纳米纤维材料与基材的复合牢度，增加复合材料的可靠性。通常来说，胶黏剂的类型有液体胶和固体胶，液体胶不适用于纤维滤料的黏结，使用的液体胶会渗入滤料的内部孔隙，固化后堵塞孔隙，极大增加滤料的阻力。固体胶通常有固体粉末、固体胶膜等形式，固体粉末可以作为滤料的胶黏剂使用，然而在实际应用中，固体粉末很难均匀地分散在滤料的表面，同时与液态胶有相同的问题，固态粉末会有一部分落入纤维层内部堵塞孔隙，增加阻力的同时降低了固态粉末的有效黏结作用。固态胶膜克服了易掉入滤料内部引起阻力升高的问题，它可以稳定地固定在待黏结的纳米纤维膜和基材之间，经过热处理后胶膜熔化，进而发挥黏胶作用。

瓦雷萨诺（Varesano）等利用化学处理方法来增强纳米纤维对织物的附着力，用碱溶液处理棉织物及用乙醇处理尼龙织物可提高基材与纳米纤维膜之间的黏合强度；通过碱处理的方式，可以将聚酰胺-6 纳米纤维与尼龙基材的黏结强度提高近 60%。罗姆巴多尼（Rombaldoni）等研究了用低压氧等离子体处理基材对黏结性能的影响。维丘利（Vitchuli）等应用等离子体静电纺丝混合工艺来提高纳米纤维膜与基材的黏合强度，由于活性化学表面基团的形成，黏合强度得到了改善。尽管以上这些方法可以增强纳米纤维膜与基材的黏附力，但纳米纤维膜与基材之间以及纳米纤维膜不同纤维层间并没有形成有效的黏附结合，纳米纤维膜不同层间的纤维仍然存在分层的可能性。阿米尼（Amini）等利用 PVA 材料作为胶黏剂改善静电纺丝制备的纳米纤维膜与基材间的黏合强度，经过 78s 的热处理后，纳米纤维膜从基材上脱落的情况得到了极大改善。然而 PVA 为亲水性材料，在实际应用过程如果遇高湿环境或接触水则会溶解，最终失去黏合作用。

本实验利用热熔胶膜（TPU 热熔胶膜）作为黏结层，通过热处理方式将 PET 纳米纤维膜与基材黏合，并分析了其覆膜牢度及覆膜后复合滤料的阻力和过滤效率。用三明治热处理覆膜法制备的不同纺丝时间的 PET 纳米纤维膜厚度见表 6-4。为了与其他两种覆膜方法区分，将三明治热处理覆膜法制备的 PET 纳米纤维膜复合针刺毡滤料记作 PET 纳米纤维膜复合针刺毡滤料 2。

表 6-4 三明治热处理覆膜法制备的不同纺丝时间 PET 纳米纤维膜厚度

纺丝时间/h	PET 纳米纤维膜厚度/μm	纺丝时间/h	PET 纳米纤维膜厚度/μm
0.5	14.9	1.5	35.9
1	24.1		

6.2.2.1 纳米纤维滤料覆膜牢度

为了提高三明治热处理覆膜法的有效性，确定覆膜时使 TPU 热熔胶膜发挥胶黏剂作用的温度，以及在高温作用下 PET 纳米纤维膜的形貌及结构是否能维持，分别对 TPU 热熔胶膜及 PET 纳米纤维膜进行了差热分析，确定了 PET 纳米纤维膜及 TPU 热熔胶膜的熔点，进而找出覆膜所需的温度范围。如图 6-10 所示，通过差热分析 DSC 曲线可知，TPU 热熔胶膜和 PET

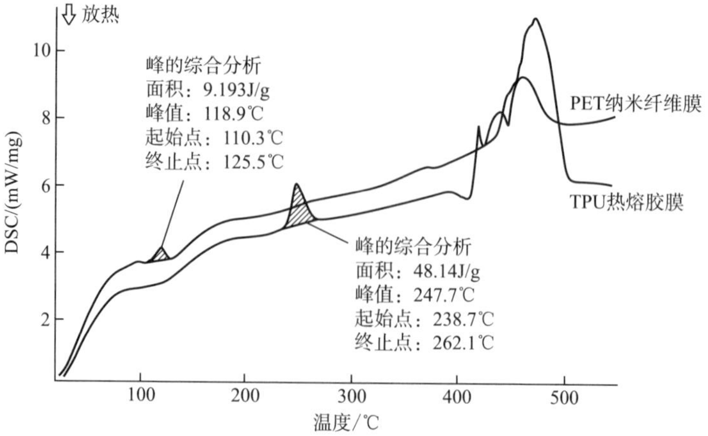

图 6-10 PET 纳米纤维膜及 TPU 热熔胶膜 DSC 曲线

纳米纤维膜熔点峰值温度分别为 118.9℃和 247.7℃，TPU 热熔胶膜熔化的起始点和终点温度分别为 110.3℃和 125.5℃，该数据为热处理温度的选择提供了依据。

（1）热处理温度对覆膜牢度的影响

为了全面地评估热处理温度对 TPU 热熔胶膜黏性作用的影响，此处设置热处理温度分别为 50℃、80℃、100℃、110℃、120℃、130℃，所有热处理过程时间均为 1min，使用的 PET 纳米纤维膜纺丝时间均为 1h。不同温度下 PET 纳米纤维膜与基材的黏合强度如图 6-11 所示，当热处理温度为 50℃和 80℃时，PET 纳米纤维膜与基材的黏合强度与直接覆膜法并无差异，PET 纳米纤维膜极易脱落。当温度升高至 100℃时，纤维膜与基材的黏合强度提升明显，是直接纺丝法黏合强度的 10 倍。当温度为 110℃时，黏合强度进一步提升，温度为 120℃时，黏合强度与 110℃时差异不大，当温度达到 130℃时，黏合强度有轻微的下降趋势。处理温度为 50℃和 80℃时，与 TPU 热熔胶膜的熔点温度相差较大，因此 TPU 并未发挥黏结作用；当温度达到 100℃时，接近于 TPU 的熔点温度，因此 TPU 热熔胶膜有部分熔化，此时 PET 纳米纤维膜与基材的黏结强力有所提升；当温度到达 110℃和 120℃时，此时温度达到 TPU 热熔胶膜的热熔温度，TPU 熔化发挥黏结作用，因此该条件下的黏结强力达到最大值；当温度继续升高至 130℃时，此时温度已超过 TPU 热熔胶的熔点温度范围，过高温度的热熔过程使纳米纤维表面脆化，大大降低了 TPU

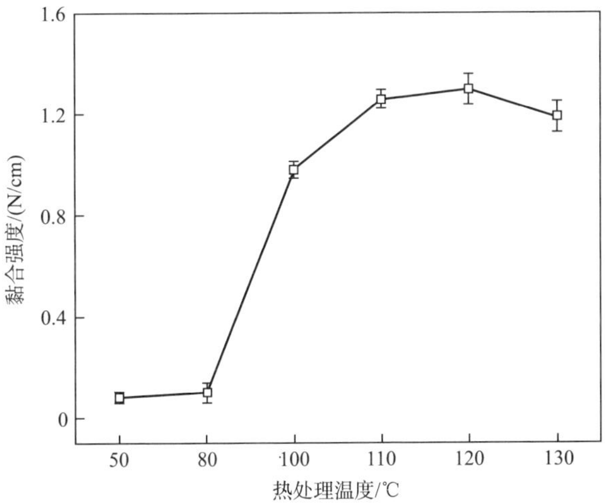

图 6-11 热处理过程温度对黏合强度的影响

热熔胶膜的黏合效果。其他类似覆膜研究中，热处理过程中也出现过纳米纤维膜脆化，纤维变形的情况。如图 6-12 所示，经过高温热压处理的纳米纤维变形严重，温度足够高时甚至彻底破坏了纤维形貌。因此控制热处理过程的温度对于纳米纤维膜维持其功能来说非常重要。

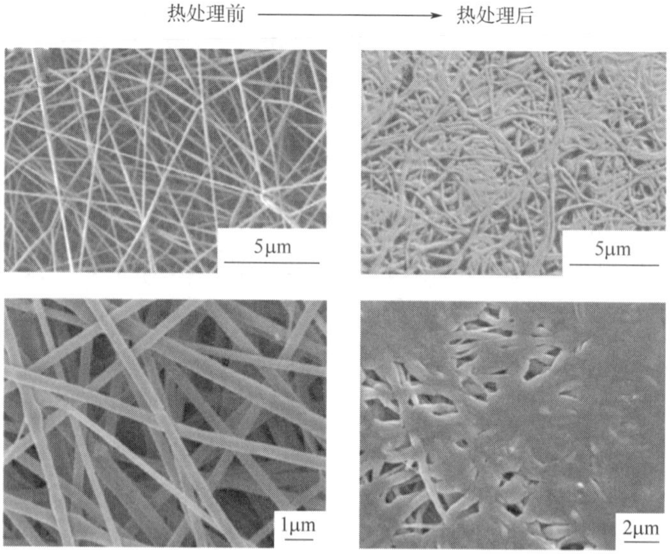

图 6-12　热处理前后纤维膜形貌

通过精确测量 TPU 热熔胶膜和 PET 纳米纤维膜的熔点，选择了 105℃的热处理温度，该温度可在最大程度保持 PET 纳米纤维膜结构的情况下使 TPU 热熔胶膜熔化。热压处理后的 PET 纳米纤维膜表面形貌以及内部纤维层形貌如图 6-13 所示。与之前研究中热压处理后纳米纤维膜表层融化变形（图 6-12）不同，因为温度的精确选择，热压处理后纳米纤维膜表层没有熔化。PET 在热处理温度下处于软化状态，在外部压力作用下，纳米纤维发生形变且趋于聚拢，与热处理之前相比表层纳米纤维膜更致密，孔隙减小。因此热处理后的纳米纤维膜形成了表面致密，内层相对疏松的梯度孔隙结构，在过滤性能上表现为过滤效率提高但阻力有所增加。

（2）热处理时间对覆膜牢度的影响

在其他条件不变时，热处理的持续时间也是影响覆膜效果的一个重要参数。为了探索处理时间对黏合强度的影响，分别设置时间为 20s、40s、60s、80s、100s、120s，设置热处理温度为 105℃，不同时间对应的黏合强度

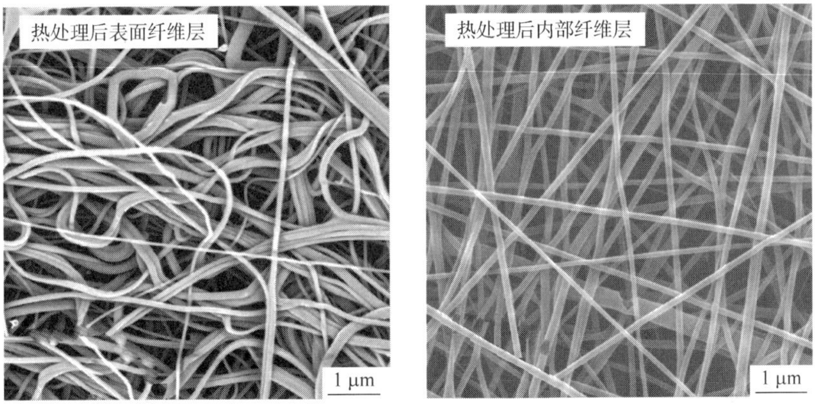

图 6-13　热处理后纤维膜形貌

如图 6-14 所示。处理时间在 60s 以内时，随着时间的延长，覆膜的黏合强度呈现增长趋势。80s 时，其黏合强度与 60s 时差别不大，再持续延长时间其黏合强度不再增强，呈现微弱的下降趋势。这是因为过长时间的热处理也会使纳米纤维膜脆化或造成纤维结构损坏，影响其覆膜牢度的可靠性。

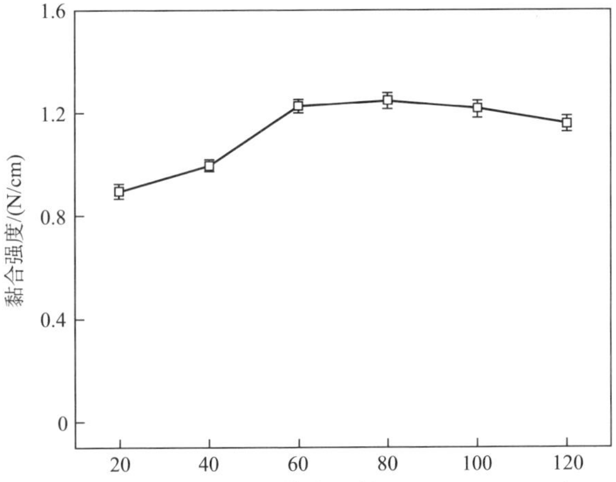

图 6-14　三明治热处理覆膜法过程中作用时间对黏合强度的影响

（3）纺丝时间对覆膜牢度的影响

利用三明治热处理覆膜法制备的不同纺丝时间的 PET 纳米纤维膜与基材的覆膜牢度如图 6-15 所示。不同纺丝时间的 PET 纳米纤维膜与基材复合后，其黏合强度处于0.7~1.3N/cm之间；随着纺丝时间的延长，PET纳米纤维膜厚度增加，其黏合强度呈现微弱的下降趋势，特别是当纺丝时间增加到1.5h时，黏合强度下降较明显。当纺丝时间较短时，PET纳米纤维膜厚度较小，纳米纤维层在热熔胶膜的作用下与基材结合牢固，此时测得的覆膜牢度是PET纳米纤维膜与基材间的黏结强力，且此时的覆膜牢度最强；当纳米纤维膜厚度继续增加时，测得的覆膜牢度不再是PET纳米纤维膜与基材间的黏结强力，而是纳米纤维层间的黏合强度，TPU热熔胶膜固定在纳米纤维膜与基材之间，纳米纤维膜与基材的黏合依靠的是最初始的几层纳米纤维膜。

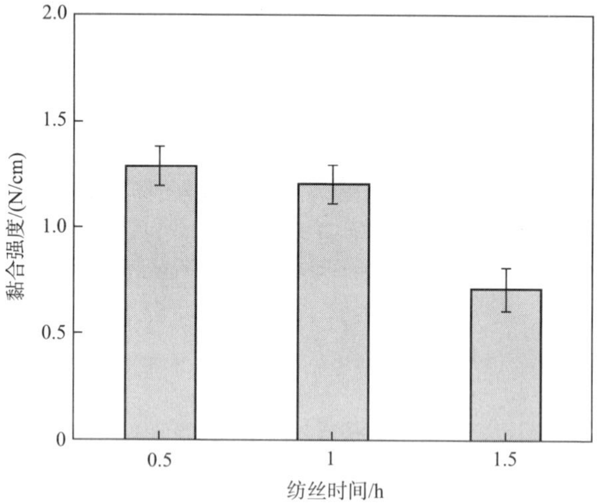

图6-15　三明治热处理覆膜法不同纺丝时间的PET纳米纤维膜复合过滤材料黏合强度

当纳米纤维膜较厚时，纤维膜层间黏结作用并未得到有效的改善，因此随着纺丝时间的增加，黏结强力呈现下降趋势。综上，三明治热处理覆膜法有效改善了纳米纤维膜与基材的层间黏合强度，但该方法对纳米纤维膜本身的层间黏合强度改善效果较弱。

（4）无机纳米颗粒对热损伤的改善

与直接纺丝法相比，三明治热处理的覆膜方式极大改善了纳米纤维膜与基材的覆膜牢度。然而在热处理过程中，需要精准地控制处理温度和作用时间，否则会使纤维膜脆化进而降低黏合强度，同时影响纳米纤维膜的纤维结构以及过滤性能。图6-16（a）即为三明治热处理覆膜方法制备的复合滤料，纳米纤维膜经过热处理极易熔化，改变纳米纤维膜的结构。有研究表明向纳米纤维膜中添加无机颗粒物可以显著改善纤维膜的熔点。为了更好地通过三明治热处理覆膜法实现纳米纤维膜与针刺毡滤料的复合，降低高温处理对纳米纤维膜表面形貌的损坏，本文在 PET 纳米纤维膜中添加了 SiO_2 纳米颗粒。以往的工作中探讨了 SiO_2 纳米颗粒添加量对纳米纤维膜形貌的影响，同时确定了最佳的 SiO_2 纳米颗粒添加量。结果表明，SiO_2 纳米颗粒的添加不仅可以改善纤维材料的热稳定性，提高热处理覆膜的成功率，SiO_2 纳米颗粒的添加还可以显著降低纳米纤维膜的纤维直径，而纤维直径的降低对滤料过滤性能的改善具有积极作用。本实验选用的 SiO_2 纳米颗粒添加含量为质量分数 4%。加入 SiO_2 纳米颗粒的 PET 纳米纤维膜与针刺毡滤料通过三明治热处理覆膜后的实物图如图 6-16（b）所示，无机颗粒加入后，明显改善了 PET 纳米纤维膜热损伤的问题，同时在相同纺丝时间条件下，其相应的 PET/SiO_2 纳米纤维膜复合针刺毡滤料（加入 SiO_2 纳米颗粒的 PET 纳米纤维膜复合针刺毡滤料）的覆膜牢度与 PET 纳米纤维膜复合针刺毡滤料无明显差异。

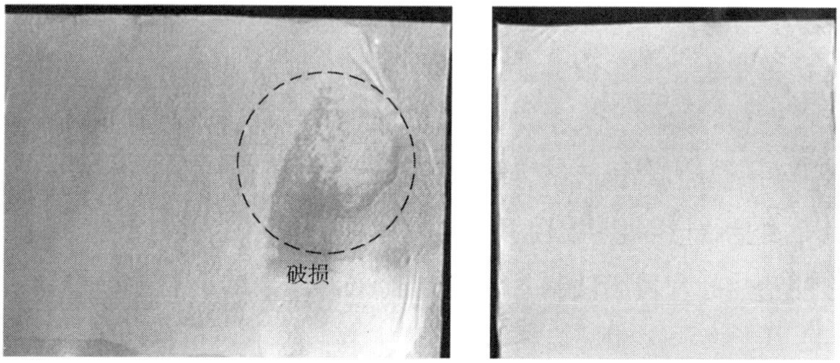

(a) PET纳米纤维膜覆膜针刺毡滤料宏观形貌　　(b) PET/SiO_2纳米纤维膜覆膜针刺毡滤料宏观形貌

图 6-16　三明治热处理覆膜法制备的不同滤料的宏观形貌

6.2.2.2　纳米纤维滤料阻力特性

对三明治热处理覆膜法制备的不同纺丝时间的 PET/SiO_2 纳米纤维膜复合针刺毡滤料及 PET 纳米纤维膜复合针刺毡滤料在 5.33cm/s 的风速下测试了其阻力情况。基材滤料阻力为 69.64Pa，随着纺丝时间的增加，纳米纤维膜厚度增加，纳米纤维膜针刺毡滤料阻力随之增加。如图 6-17 所示，纳米纤维膜复合针刺毡滤料随着纺丝时间的延长，阻力呈线性增长趋势，纺丝时间为 0.5～1.5h 时，PET/SiO_2 纳米纤维膜复合针刺毡滤料阻力处于 95～150Pa 之间，PET 纳米纤维膜复合针刺毡 2 滤料阻力处于 105～170Pa 之间。PET/SiO_2 纳米纤维膜由于覆膜过程中热损伤的降低，减少了纤维形变及结构破坏，因此其与针刺毡滤料复合后的阻力低于 PET 纳米纤维膜与针刺毡滤料复合的阻力。

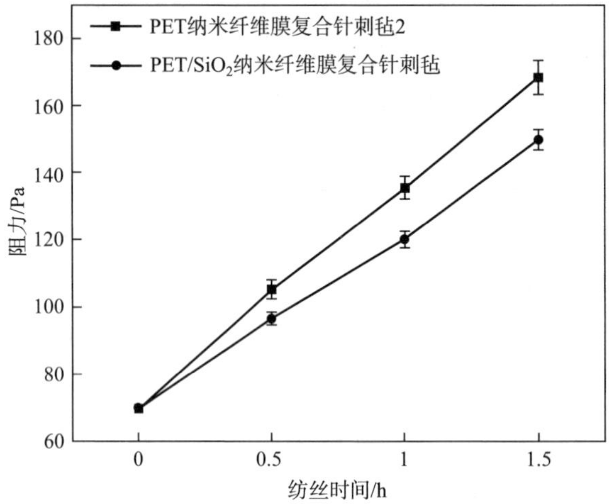

图 6-17　三明治热处理覆膜法制备的不同纺丝时间两种纳米纤维膜复合针刺毡滤料阻力

与直接覆膜法相比，该方法制备的纳米纤维膜复合针刺毡滤料阻力增长速率较大。纺丝时间同为 1.5h 的纳米纤维膜，三明治热处理覆膜法制备的复合针刺毡滤料阻力比直接纺丝法制备的复合针刺毡滤料高 20~38Pa。

6.2.2.3　纳米纤维滤料过滤效率

对三明治热处理覆膜法制备的 PET 纳米纤维膜复合针刺毡滤料（纺丝时间为 1h 的 PET 纳米纤维膜）和 PET/SiO_2 纳米纤维膜复合针刺毡滤料进行计数效率测试，测试结果如图 6-18 所示。由图 6-18 可知，与常规针刺毡滤料相比，三明治热处理覆膜法制备的两种覆膜针刺毡滤料对颗粒物的过滤效率均提升明显，特别是针对 1μm 以下的微细颗粒物。PET 纳米纤维膜复合针刺毡滤料 2 对粒径为 0.3~1μm 颗粒物的过滤效率均达到了 98.75%以上，而 PET/SiO_2 纳米纤维膜复合针刺毡滤料对粒径为 0.3~1μm 颗粒物的过滤效率均达到了 99%。PET/SiO_2 纳米纤维膜与 PET 纳米纤维膜相比，通过热处理方式覆膜后对微细颗粒物过滤效率的提升更大，这是由于 SiO_2 纳米颗粒的引入降低了纳米纤维平均直径，进而改善了纳米纤维膜的过滤性能。PET 纳米纤维膜和 PET/SiO_2 纳米纤维膜的形貌及纤维直径统计如图 6-19 所示，PET 纳米纤维膜的纤维平均直径为 350.2nm，PET/SiO_2 纳米纤维膜的纤维平均直径为 140.7nm。

三明治热处理覆膜法制备的 PET 纳米纤维膜复合针刺毡滤料 2 与直接覆

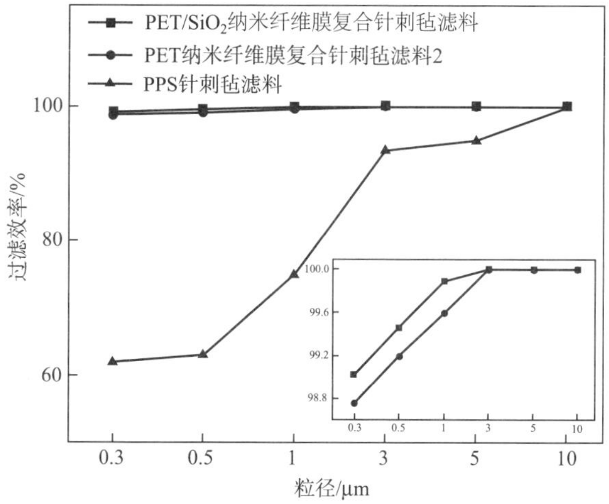

图 6-18　三明治热处理覆膜法制备的纳米纤维膜复合针刺毡滤料过滤效率

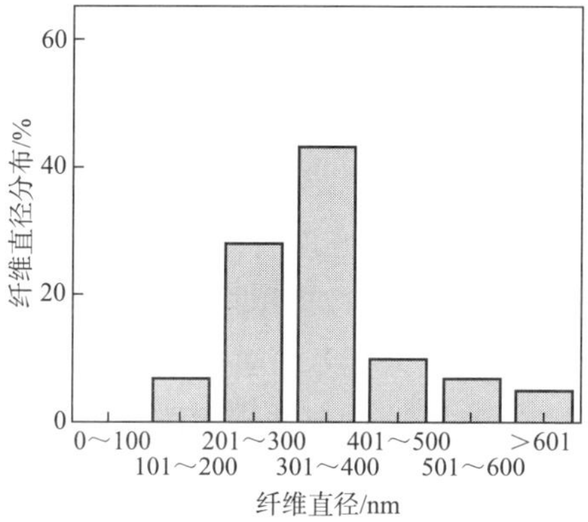

(a) PET纳米纤维膜直径分布

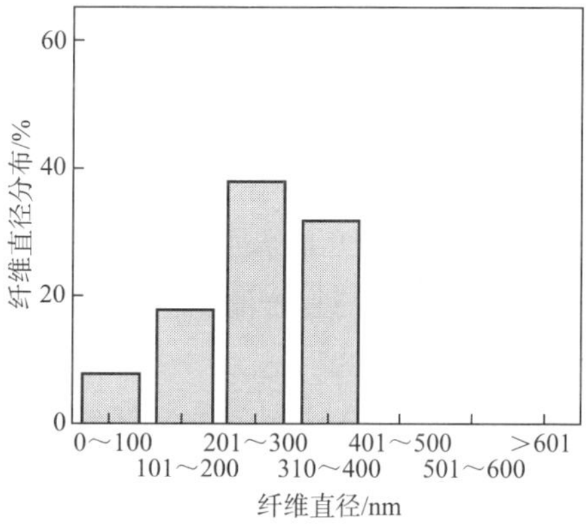

(b) PET/SiO_2纳米纤维膜直径分布

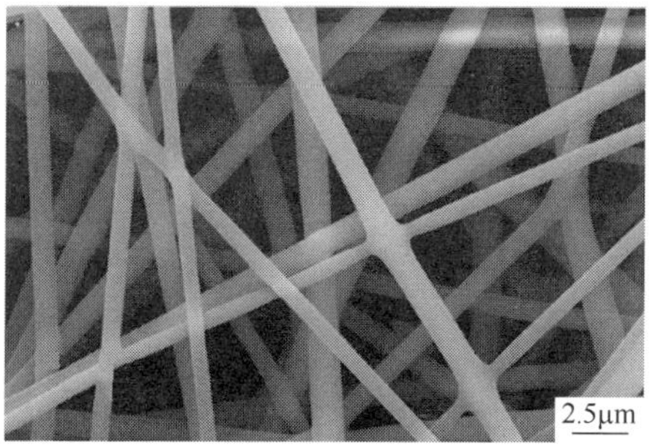

(c) PET纳米纤维膜形貌

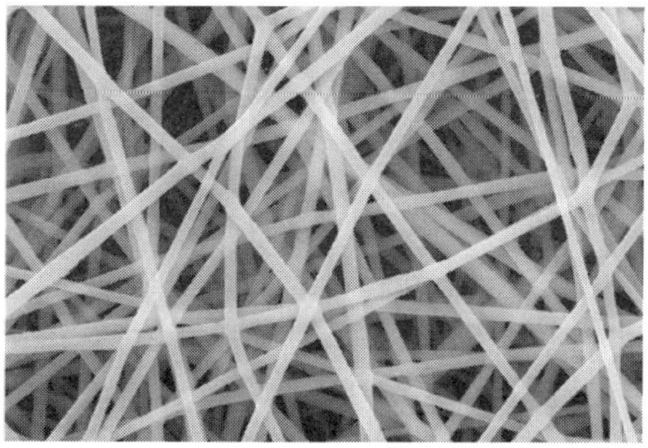

(d) PET/SiO_2纳米纤维膜形貌

图 6-19　纳米纤维膜纤维直径统计及对应形貌图

膜法制备的 PET 纳米纤维膜复合针刺毡滤料 1 相比，覆膜牢度提升了将近 20 倍。然而热处理过程对 PET 纳米纤维膜造成一定的热损伤，纳米纤维的形变导致其相应的复合针刺毡滤料阻力增长较大，且对微细颗粒物的过滤效率有下降趋势。针对纳米纤维膜因热处理导致的形变及破损问题，向纳米纤维膜中添加了 SiO_2 纳米颗粒，SiO_2 纳米颗粒的加入极大提高了热处理的可靠性，有效降低了纳米纤维膜因形变引起的阻力升高的问题。同时 SiO_2 纳米颗粒降低了 PET 纳米纤维的直径尺寸，进一步改善了纳米纤维膜对微细颗粒物的过滤效果。因此，三明治热处理覆膜法制备的 PET/SiO_2 纳米纤维膜复合针刺毡滤料相较于同种方法制备的 PET 纳米纤维膜复合针刺毡滤料 2，其覆膜牢度、阻力及对颗粒物的过滤效率均得到了改善。然而和直接覆膜法相比，三明治热处理覆膜法的处理工艺会造成复合滤料阻力的显著增加，因此在保证覆膜牢度的同时，降低复合滤料的阻力仍需进一步研究。

6.2.3 一步共纺覆膜法制备的纳米纤维膜复合针刺毡滤料

直接纺丝覆膜法虽然最大化保留了纳米纤维膜形貌，然而纳米纤维层与基材黏结力较弱，纳米纤维膜极易脱落。三明治热处理覆膜法极大提升了纳米纤维膜与基材之间的黏结力，改善了纳米纤维膜易脱落的问题，然而经过热处理的纳米纤维易变形或脆化，处理过程对温度及处理时间的要求较高，且经过热处理的复合滤料阻力增长较大。为了更好地解决纤维膜易脱落以及阻力增长过大的问题，本文在前期研究的基础上，采用基于静电纺丝技术的一步共纺覆膜方式制备纳米纤维膜复合滤料。在三明治热处理覆膜法中使用 TPU 热熔胶膜作为胶黏层，其黏结效果显著，因此一步共纺覆膜法仍将 TPU 作为胶黏剂使用。将 PET 树脂颗粒和 TPU 弹性胶粒共纺，其中 PET 充当滤料的主要过滤介质，TPU 则主要发挥胶黏剂作用。TPU 虽然常被作为胶黏剂使用，然而其常温状态下并没有黏性，只有在熔融状态下才具有胶黏作用。为了避免热压等后处理过程给纳米纤维带来的不利影响，在共纺过程中，对 TPU 纺丝液进行加温处理，使 TPU 纤维从纺制到收集过程始终保持一定的熔融状态。当 TPU 纤维收集到接收装置上时，能直接发挥其胶黏作用，无须在进行后续热压等处理，如此可以实现一步共纺覆膜。

纺丝参数如 6.1.3.3 中所述，将 TPU 的加热包裹温度设置为 105℃，该温度低于 TPU 熔融的起始温度 110℃，该温度的选择基于上一节的研究结果，随着热处理时间的延长，纤维膜容易脆化，覆膜效果在一定范围内呈现减弱趋势。此外，由于溶剂作用，TPU 的黏性较熔融状态的 TPU 更易保持。同时，温度过高会大大增加溶剂的蒸发速率，不利于纺制的 TPU 纳米纤维在到达接收板之前保持黏性，因此把温度设置为略低于熔点温度。综上所述，选择略低于熔点温度的 105℃ 作为 TPU 纺丝液的包裹加热温度，纺丝过程中恒定维持在此温度。将一步共纺覆膜法制备的纳米纤维膜统称为 PET/TPU 纳米纤维膜，不同纺丝时间的 PET/TPU 纳米纤维膜厚度见表 6-5。

表 6-5　一步共纺覆膜法的不同纺丝时间 PET/TPU 纳米纤维膜厚度

纺丝时间/h	PET/TPU 纳米纤维膜厚度/μm	纺丝时间/h	PET/TPU 纳米纤维膜厚度/μm
0.5	15.5	1.5	37.9
1	27.5		

6.2.3.1　共纺纳米纤维膜的特殊形貌

本研究的 PET/TPU 纳米纤维膜是基于静电纺丝共纺技术制备的，与以往共纺方式不同，本书共纺过程中对 TPU 纺丝液进行了包裹加热处理。TPU 纺丝液温度的保持会对纤维形貌产生一定的影响，包裹加热装置前后的 TPU 纳米纤维形貌如图 6-20 所示，对 TPU 未包裹加热装置时，纤维膜中几乎没有出现珠粒，纤维直径较大，纤维膜整体均一性较差［图 6-20（a）］，这是因为 TPU 纺丝液的浓度较高引起的。本文使用的 TPU 纺丝液质量分数为 20%，将 TPU 浓度设置较高是因为 TPU 是作为过滤纤维的胶黏剂使用的，TPU 浓度越高则黏结纤维的效果越好。当质量分数高于 20%时，纺丝液黏度太大，不

(a) 未包裹加热装置

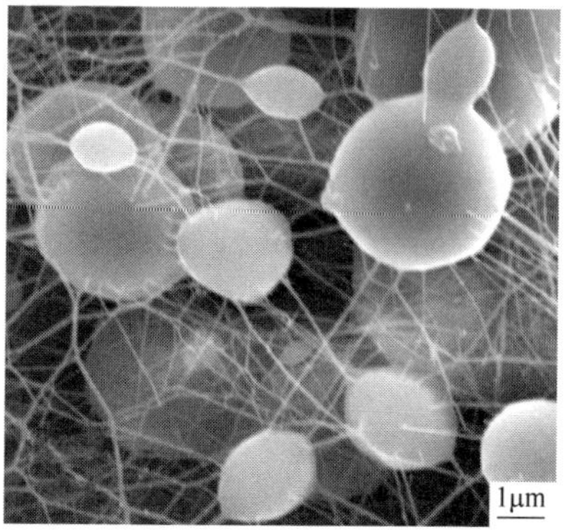

(b) 包裹加热装置

图 6-20　TPU 纳米纤维包裹加热装置前后形貌

再具备可纺性，因此选择了本实验可实现的最高质量分数20%作为TPU与PET共纺的浓度。

图6-20（b）为包裹了加热装置后TPU纳米纤维形貌图，可以发现纤维膜中出现了大量的珠粒且纤维直径由粗变细，平均纤维直径在100nm左右，这是加热过程对TPU纺丝液黏度的影响导致的。静电纺过程中珠粒的出现与聚合物溶液射流的不稳定性有关，而射流的稳定性受多个参数的影响，如施加的电压、环境湿度、溶液的电导率等因素。通过控制离子液体的混合量，邢（Xing）等利用静电纺丝技术成功制备了具有串珠形态结构的TPU纳米纤维膜。在本书的研究中，TPU纤维制备过程中的所有静电纺丝参数均保持恒定，TPU的温度是纺丝过程中的唯一变量。在室温下制备的TPU纳米纤维膜中未观察到珠粒，因此可以得出结论，本研究中TPU纳米纤维膜出现的串珠结构是由TPU纺丝液的温度变化引起的。包裹加热装置后降低了TPU纺丝液的黏度，当溶液黏度较低时，分子链之间的缠结太弱而无法抵抗静电斥力，聚合物分子链黏弹性作用趋于收缩，形成了大量的珠粒。本研究使用的静电纺接收装置为滚筒，纺丝过程中滚筒旋转收集以及滑台的横向移动确保了静电纺丝过程中纳米纤维和珠粒的均匀混合。如图6-21所示，PET/TPU共纺纳米纤维和珠粒均匀分布于纳米纤维膜上。

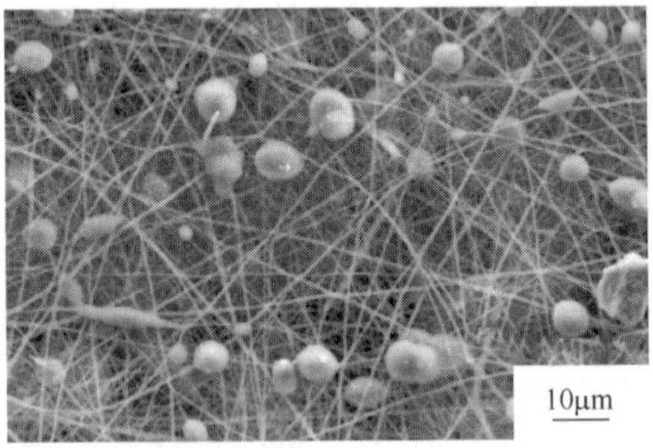

图6-21　PET/TPU纳米纤维膜形貌

一步共纺覆膜法制备的PET/TPU纳米纤维膜形貌如图6-21所示，该纳米纤维膜相较于PET纳米纤维膜而言，纤维膜中均匀分散了大量的珠粒。为了清晰地了解共纺对纤维及纤维膜形貌的影响，分别对比了PET纳米纤维膜（直接覆膜法和三明治热处理覆膜法中使用的PET纳米纤维膜），加热包裹条件下纺制的TPU纳米纤维膜及PET/TPU共纺纳米纤维膜的纤维形貌（图6-22）。

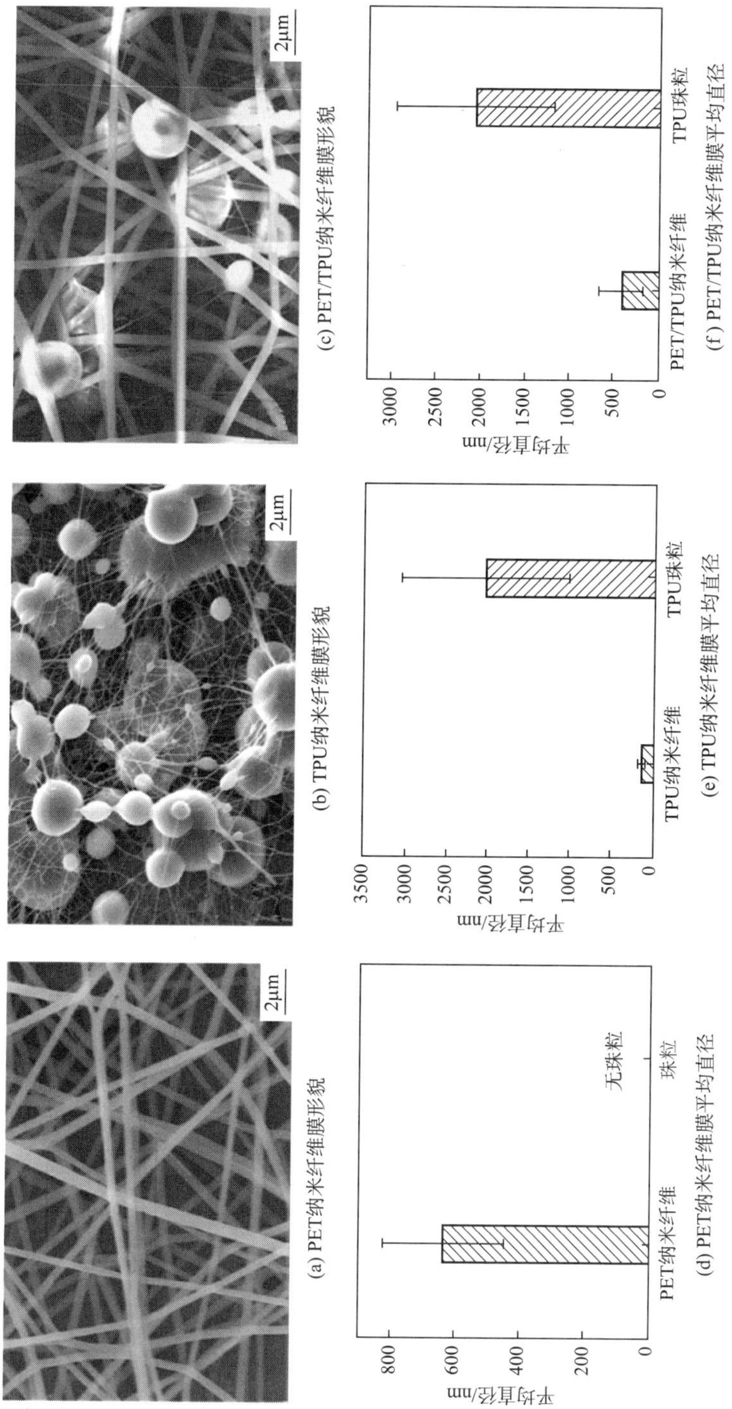

图6-22　SEM形貌图像及平均直径

如图 6-22（a）所示，PET 纳米纤维膜中纤维均一性较好，纤维随机排列且纤维膜中没有出现珠粒结构。随机统计纤维膜中的 100 根纤维，PET 纳米纤维的平均直径为（635±186）nm。TPU 纳米纤维膜如图 6-22（b）所示，纤维和珠粒同时出现在加热包裹条件下纺制的 TPU 纳米纤维膜中，TPU 纳米纤维以珠粒为中心呈放射状散开，部分纤维贯穿在珠粒之间，部分包裹在珠粒表面。随机选取 100 根纤维进行直径统计，在 TPU 纳米纤维膜中，TPU 纳米纤维的平均直径为（126±46）nm，珠粒的平均直径为（2028±1021）nm。图 6-22（c）为 PET/TPU 共纺纳米纤维膜形貌，可以看出该纺丝条件下的纤维膜呈现三维结构，即粗纤维、超细纤维以及珠粒交织共存。PET 纳米纤维作为主要的过滤纤维提供了一个稳定的框架结构，TPU 的超细纤维及珠粒随机贯穿在 PET 纳米纤维膜框架中。随机统计 100 根该条件下的纤维，PET/TPU 纳米纤维的平均直径为（395±240）nm，珠粒平均直径为（2050±900）nm。TPU 与 PET 共纺后降低了纳米纤维的平均直径，这是由于 TPU 纤维的较小尺寸嵌入 PET 纤维框架中引起的。PET 与 TPU 共纺使纤维膜出现了粗细纤维及串珠相互交织的三维结构，同时纤维膜整体的平均直径降低，这些变化都有利于纳米纤维膜过滤性能的提升。三种纳米纤维膜纤维及珠粒直径分布如图 6-23 所示。

6.2.3.2 纳米纤维滤料覆膜牢度

不同纺丝时间的 PET/TPU 纳米纤维膜与基材的覆膜牢度如图 6-24 所示，其包含了三种覆膜方法制备的纳米纤维膜复合针刺毡滤料黏合强度对比。一步共纺覆膜法制备的不同纺丝时间的 PET/TPU 纳米纤维膜复合针刺毡滤料的黏合强度处于 1.18~1.55N/cm 之间；与前两种覆膜方法相比，该方法的覆膜牢度得到了进一步的提升。随着纺丝时间的延长，纳米纤维膜厚度增加，三种覆膜方法所制备的复合滤料，其黏合强度均呈现微弱的下降趋势。由图 6-24 所示，一步共纺覆膜法制备的相同纺丝时间的纳米纤维膜复合针刺毡滤料的黏合强度均高于三明治热处理覆膜法制备的纳米纤维膜复合针刺毡滤料。这说明一步共纺覆膜法制备的纳米纤维膜复合滤料，无论是纳米纤维膜与基材间的界面黏结强度，还是纳米纤维膜本身不同纤维层之间的黏结强度，都得到了改善。

为了验证对界面黏合强度和层间黏合强度的分析，在覆膜牢度测试后，对一步共纺覆膜法制备的复合针刺毡滤料的形貌进行了表征，测试结果如

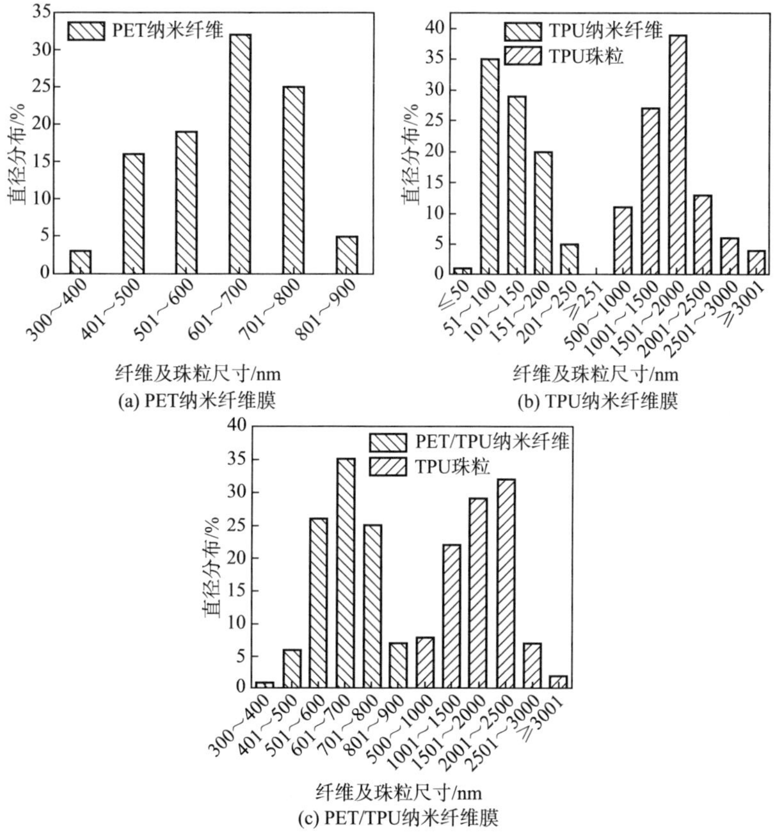

(a) PET纳米纤维膜
(b) TPU纳米纤维膜
(c) PET/TPU纳米纤维膜

图 6-23　三种纳米纤维膜纤维及珠粒直径分布

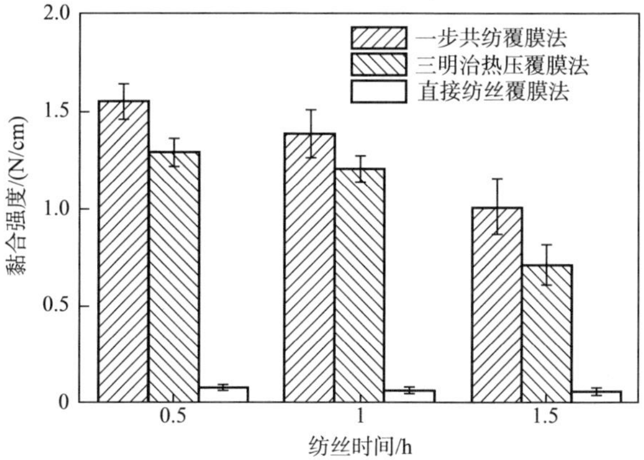

图 6-24　三种覆膜法的不同纺丝时间 PET 纳米纤维膜复合过滤材料黏合强度

图 6-25所示。图 6-25（a）为 PET/TPU 纳米纤维膜复合针刺毡滤料覆膜牢度测试前的形貌图，纳米纤维膜均匀地覆盖在基材上，此时通过形貌测试观测不到基材纤维。图 6-25（b）为纺丝时间 0.5h 的 PET/TPU 纳米纤维膜复合针刺毡滤料覆膜牢度测试之后的形貌图，可以发现此时的纳米纤维膜已经完全从基材上移除，电镜观测到的是基材的形貌，说明该厚度的纳米纤维膜覆膜牢度测试准确测量了纳米纤维膜与基材的黏合强度。图 6-25（c）为纺丝时间 1h 的 PET/TPU 纳米纤维膜复合针刺毡滤料覆膜牢度测试之后的形貌图，与图 6-25（b）相比，此时可以看出，基材的微米级粗纤维上覆盖了一薄层的纳米纤维。由此可见，1h 纺丝时间的纳米纤维膜经过覆膜牢度测试后，纳米纤维层并未完全从基材上脱落，此时的覆膜牢度测试结果是 PET/TPU 纳米纤维膜本身纤维层之间的黏合强度。当纺丝时间继续提升至 1.5h，经过覆膜牢度测试后形貌如图 6-25（d）所示，与图 6-25（c）相比，沉积在基材

(a) PET/TPU纳米纤维复合针刺毡滤料测试前表面形貌

(b) 纺丝时间为0.5h (测试后)

(c) 纺丝时间为1.0h (测试后)

(d) 纺丝时间为1.5h (测试后)

图 6-25　PET/TPU 纳米纤维复合针刺毡滤料测试前后形貌

上的纳米纤维膜密度增加，此时测量的黏合强度也是 PET/TPU 纳米纤维膜的层间黏合强度。

一步共纺覆膜法显著改善了纳米纤维膜与基材的界面黏合强度，对于纳米纤维膜本身的层间黏合强度也有较大的提升，这是因为在静电纺丝的过程中，包裹加热装置使 TPU 材料无论是在纺丝液状态，还是经过高压电场拉伸形成纤维的状态，始终保持一定黏度，发挥胶黏作用。

在纺丝的初始阶段，TPU 纳米纤维与 PET 纳米纤维混合交织，落在基材表面的 TPU 纤维都起到胶黏作用，将 PET 纳米纤维与基材稳固黏结，增强了两者的界面黏结力。随着纺丝时间的延长，基材彻底被 PET 和 TPU 纳米纤维覆盖后，界面的黏合强度不再提高。TPU 纤维继续与 PET 纤维共同沉积，PET 纳米纤维每一层的沉积都混合 TPU 珠粒及纤维的包裹，此时 TPU 的黏结作用继续在 PET 纳米纤维层之间发挥，因此 TPU 高温共纺对纳米纤维膜与基材的界面黏结作用和纳米纤维膜本身的层间黏合作用都有显著的改善。

表 6-6 列举了目前常见的提高覆膜牢度的方法以及覆膜牢度的改善情况。结果表明，本文提出的一步共纺覆膜法的覆膜效果（纺丝时间为 1h 的 PET 纳米纤维膜与基材的覆膜牢度为 1.55N/cm）优于目前已报道的绝大多数方法，且有效避免了后处理对纳米纤维形貌的损坏以及对纤维滤料阻力的影响，为提高纳米纤维与基材的复合牢度提供了新的思路。

表 6-6　本文制备的纳米纤维膜复合材料和其他纳米纤维复合材料的膜黏附强度比较

序号	黏合强度/(N/cm)	纳米纤维膜	基材	胶黏剂或试剂	复合方法	应用领域
1	0.045	尼龙 66/PVA[a]	PET[b]织物	无	热压	空气过滤，劳保衣物
2	1.7	PVDF/HFP[c]	固化的 PDMS[d]/TEGO21002[e]	未固化的 PDMS/TEGO21002	热烘干	医疗设备，织物
3	0.1	PVA	ES[f]非织造布	无	热压	空气过滤
4	~2.1	PVDF/CTFE[g]	PP[h]非织造布	无	热压	电池隔板
5	0.51	丝状蛋白	棉纱布	无	等离子体后处理	伤口敷料
6	0.22	PEO[i]	PEG[j] 接枝 SEBS[k]薄膜	戊二醛	交联反应	过滤织物

续表

序号	黏合强度/（N/cm）	纳米纤维膜	基材	胶黏剂或试剂	复合方法	应用领域
7（本实验）	1.55	PET/TPU[l]	针刺毡滤料	无	TPU 共纺	工业除尘

[a] PVA——聚乙烯醇（polyvinylalcohol）
[b] PET——聚酯（polyester）
[c] PVDF/HFP——聚偏二氟乙烯—六氟丙烯［poly（vinylidene fluoride-co-hexafluoropropylene）］
[d] PDMS——聚二甲基硅氧烷（polydimethylsiloxane）
[e] TEGO21002——环氧硅氧烷（epoxy siloxane）
[f] ES——乙烯—丙烯并列（ethylene-propylene side-by-side）
[g] PVDF/CTFE——聚偏二氟乙烯—氯三氟乙烯无规共聚物（polyvinylidene fluoride-co-chlorotrifluoro-ethylene）
[h] PP——聚丙烯（polypropylene）
[i] PEO——聚环氧乙烷（poly ethylene oxide）
[j] PEG——聚乙二醇（poly ethylene glycol）
[k] SEBS——氢化苯乙烯—丁二烯嵌段共聚物（styrene ethylene butylene styrene）
[l] TPU——热塑性聚氨酯（thermoplastic polyurethane）

6.2.3.3 纳米纤维滤料阻力特性

对一步共纺覆膜法制备的不同纺丝时间的PET/TPU纳米纤维膜复合针刺毡滤料，在5.33cm/s的风速下测试了其阻力情况，测试结果如图6-26所示。

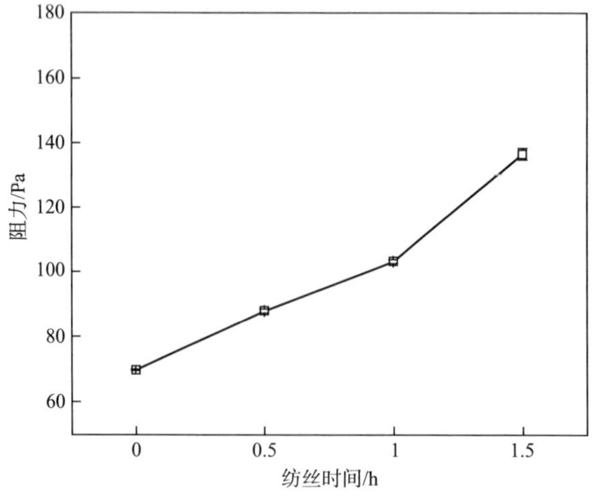

图6-26　一步共纺覆膜法的不同纺丝时间PET/TPU纳米纤维膜复合过滤材料阻力

随着纺丝时间的增加，PET/TPU 纳米纤维膜厚度增加，与基材复合后阻力随之增加。随着纺丝时间的延长，复合滤料阻力增长呈现线性增长趋势。纺丝时间 0.5~1.5h 时，阻力处于 88~137Pa 之间，1~1.5h 时，阻力增长较快。一步共纺覆膜法制备的复合滤料阻力与直接覆膜法相差不大，纺丝时间为 1.5h 时，该方法制备的复合针刺毡滤料的阻力仅比直接覆膜法制备的复合针刺毡滤料高 6.64Pa。与三明治热处理覆膜法相比，该方法制备的复合滤料最终阻力较小，且随着纳米纤维膜厚度的增加阻力增长更为缓慢。这是由于 PET/TPU 纳米纤维膜的三维结构引起的。PET/TPU 纳米纤维膜的厚度相较于相同纺丝时间的 PET 纳米纤维膜增加了 0.9~2.2μm，PET/TPU 纳米纤维膜中粗细纤维相互交织，同时纤维膜中均匀分布了很多 TPU 珠粒，珠粒的贯穿有效提高了纤维层的层间距，纳米纤维膜厚度的变化证实了珠粒对纤维膜层间距的影响。综上，PET/TPU 纳米纤维膜的三维串珠结构解决了提升覆膜牢度过程中纳米纤维膜阻力增大的问题。

6.2.3.4　纳米纤维滤料过滤效率

对一步共纺覆膜法制备的纳米纤维膜复合针刺毡滤料（纺丝时间为 1h 的 PET/TPU 纳米纤维膜）进行计数效率测试，测试结果如图 6-27 所示。PET/

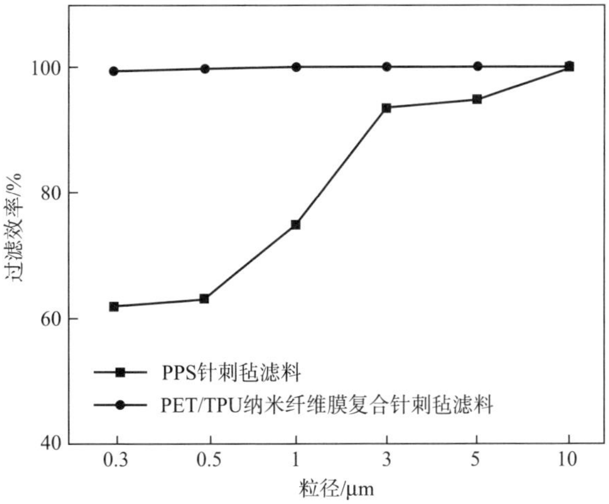

图 6-27　一步共纺覆膜法制备的 PET/TPU 纳米纤维膜复合针刺毡滤料过滤效率

TPU 纳米纤维膜复合针刺毡滤料对粒径为 0.3~10μm 颗粒物的过滤效率均达到了 99.35%以上，与直接覆膜法和三明治热处理覆膜法相比，该方法制备的复合滤料对颗粒物的过滤效率最高。这是因为 PET/TPU 纳米纤维膜粗细纤维的交织降低了纤维膜的纤维尺寸，理论研究表明，纤维直径越小，其对颗粒物的过滤效率越高。

一步共纺覆膜法结合了直接覆膜法和三明治热处理覆膜法的优点，实现了纳米纤维膜与基材滤料的有效复合，同时又完整地保留了纳米纤维膜的纤维结构，充分发挥了纳米纤维作为过滤材料的优势。通过一步共纺覆膜法的系统研究，制备了具有三维立体结构的 PET/TPU 纳米纤维膜复合针刺毡滤料，该结构实现了低阻高效的性能，为新型高效滤料的研发提供了新的思路和依据。

第7章

压电驻极体滤料及其多功能过滤装置研究

驻极体滤料和纳米纤维滤料的研究结果表明，静电吸附作用在过滤材料过滤效率的提升方面具有关键作用。如何增强驻极体滤料的电荷密度是滤料制备过程中的重点。现有的滤料静电增强方法包括添加静电增强添加物、增大纳米纤维纺丝电压、电晕放电后处理等。然而，这些方法增加的电荷均有易衰减的缺点。在电气石复合驻极体滤料的研究中发现，材料的压电性能可在过滤过程进行中动态产生电荷，且该过程不受使用环境的影响，这为长效驻极体滤料的研发提供了新的思路。

天然驻极体材料电气石的自发极化特性对驻极体滤料的初始过滤性能和复杂环境中电荷稳定性都具有显著的提升作用。结合理论分析发现，电气石的压电性能对颗粒物过滤效率有较大贡献，且压电性能由材料本身结构决定，几乎不受外界复杂使用环境的影响。因此，利用压电效应制备高稳定性驻极体滤料是值得探索的技术路线。根据这个思路，本章重点关注材料压电性能在过滤领域的应用，将比电气石压电系数更高的纳米级压电陶瓷粉（锆钛酸铅，PZT）添加到高分子聚合物 PVDF 中，通过静电纺丝技术制备出具有压电性能的 PZT/PVDF 压电驻极体滤料，其中 PVDF 是目前已知的压电性能较为优异的聚合物。同时，对制备的 PZT/PVDF 压电驻极体滤料的过滤性能及压电性能进行了系统研究。袋除尘技术作为控制烟尘的最有效途径之一，对其进行信息化与智能化是未来发展的趋势，滤料自动感知阻力与风速有助于传统工业物联。在空气净化领域，室内新风系统仍由多级过滤器组成，用于处理多种污染物，如颗粒污染物、气体污染物、微生物等，其耗能巨大且随着使用时间延长能耗增加，通过滤料自身产生的电荷能量来抑菌是目前的新方向。研发具有多功能属性的过滤装置对工业用袋式除尘器和室内空气过滤器的节能减排都具有重要意义。在本章中，充分发挥 PZT/PVDF 压电驻极体滤料的压电性能，通过合理的结构设计制备出可实现阻力传感、风速传感、能量收集、抑制细菌等多种功能的多功能过滤装置。多功能过滤装置的结构来源于工业除尘用袋式除尘器中的金属袋笼，因此该过滤装置的多种功能可为袋式除尘器的智能化应用提供坚实基础。对多功能过滤装置各项功能进行了评估，并建立了理论模型用于分析多功能过滤装置的传感原理。

7.1 实验材料及实验方法

7.1.1 实验材料

配制 PVDF 纺丝溶液用到的材料和试剂包括：PVDF 聚合物粉末、PZT 纳米颗粒、*N*,*N*-二甲基甲酰胺（*N*,*N*-Dimethylformamide，DMF）、丙酮。所用材料的参数见表 7-1。使用的 PZT 粉末纯度为 99.99%，颗粒中位径为 500nm，PZT 添加浓度分别为 PVDF 的 0、0.5%、1%和 2%。

表 7-1　纺丝溶液所用试剂基本参数

材料种类	参数	
PVDF	形式	树脂颗粒
	分子量	~180000
	介电常数	8.0~9.5[100Hz(ASTM D150)]
	密度/(g/mL)	1.78(25℃)
	转变温度/脆化温度/℃	155~165/-62
	CAS 号	24937-79-9
DMF	形式	液体
	等级/测定纯度/%	无水/99.8
	pH	7(20℃,200g/L)
	密度/(g/mL)	0.994
	蒸发残留物/%	<0.0005
	CAS 号	68-12-2
丙酮	形式	液体
	等级/测定纯度/%	≥99.5
	pH	5~6(20℃,395g/L)
	密度/(g/mL)	0.791(25℃)
	蒸发残留物/%	≤0.001
	CAS 号	67-64-1

7.1.2　压电驻极体滤料制备装置

静电纺丝是一种新兴的纤维制造工艺，聚合物溶液或熔体在强电场中进行喷射纺丝。在高压电场作用下，针头处的液滴会由球形变为圆锥形（即泰勒锥），并从圆锥尖端延展得到纤维细丝。这种方式可以生产出纳米级直径的聚合物细丝。静电纺丝装置图如图 7-1 所示。

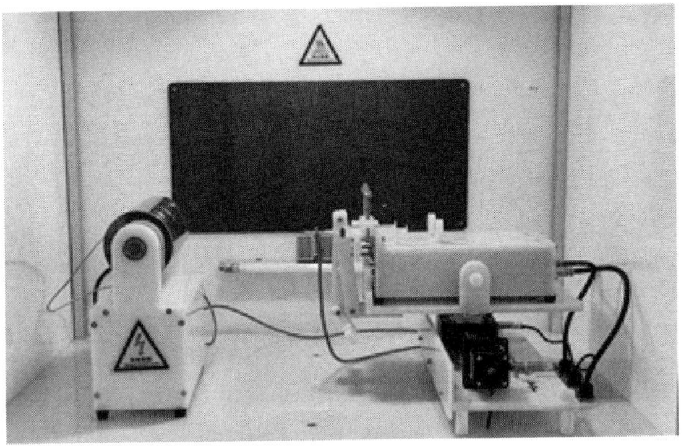

图 7-1　静电纺丝装置图

本文采用多喷丝头静电纺丝系统，主要由溶液推进装置、三个喷丝头和一个滚筒收集器构成。喷丝头到滚筒的距离为 10cm，溶液推进速度为 1mL/h，施加在喷丝头上的电压为 20kV。制备的纳米纤维膜在 70℃ 烘箱中干燥 24h 至残留溶剂完全蒸发。纳米纤维形貌通过电子扫描显微镜获得，纤维晶体结构通过 XRD 测试确定。

7.1.3　多功能过滤装置结构设计

PZT/PVDF 压电驻极体滤料被两个金属网电极夹在中间形成三明治结构，金属网的边缘用硅胶环密封。两个金属网电极的作用是在压电材料界面处通过静电感应产生相等且电性相反的电荷，两个电极与能量收集系统相连接以传导产生的电荷，同时两个电极还与数字万用表连接采集电信号。金属网电极的筛网尺寸为 2mm×2mm，其在过滤系统中的阻力可忽略不计。密封好的三明治结构过滤装置的正前方设有通风系统中风流驱动的转动叶片，其作用是撞击过滤装置从而产生更大振动，激发压电信号。通过以上步骤即完成多功能过滤装置的制备，多功能过滤装置在通风系统中整体工作流程如

图 7-2（a）所示，过滤装置结构示意图如图 7-2（b）所示，过滤装置实物图如图 7-2（c）所示。

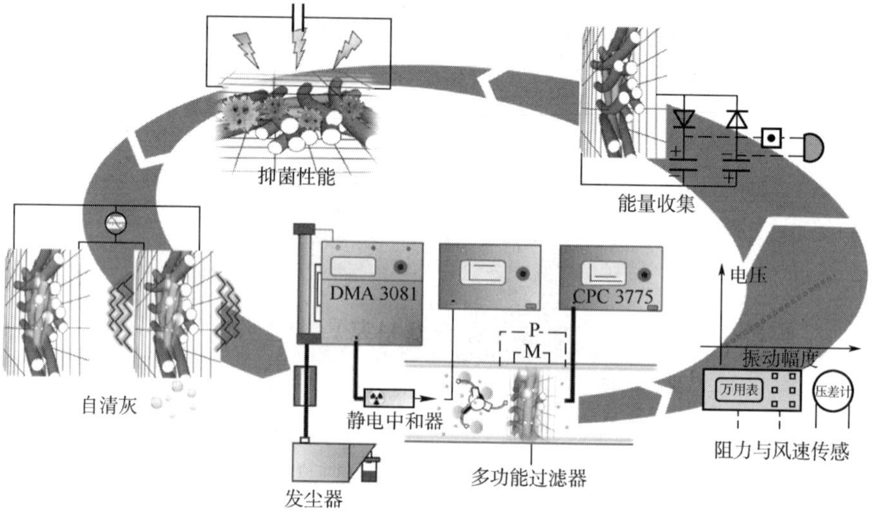

(a) 工作流程示意图

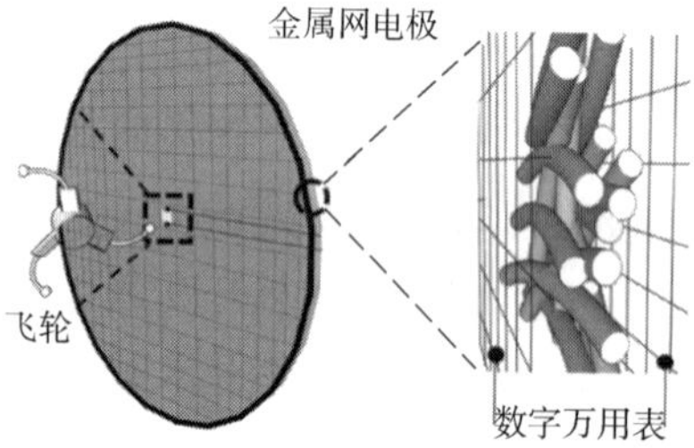

(b) 结构示意图

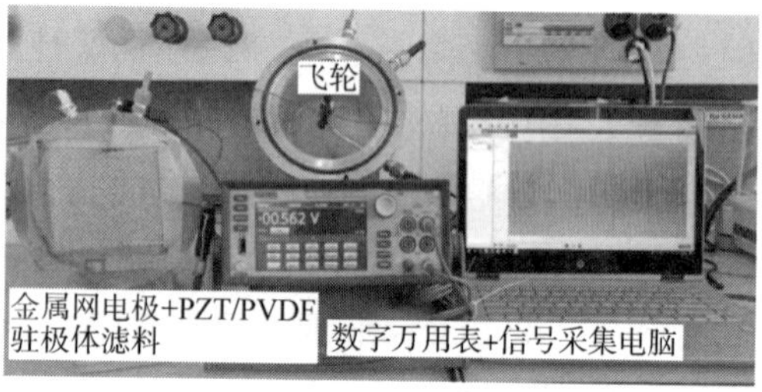

(c) 实物图

图 7-2　多功能过滤装置

7.1.4　多功能过滤装置性能评价方法

7.1.4.1　风速传感与阻力传感性能测试

如图 7-3 所示，将多功能过滤装置安装在滤料夹具中，与电极相连接的导线通过预留出口导出并与数字万用表连接。测试过程中，颗粒物动态地沉积在过滤装置上，在测量电信号的同时，记录过滤装置的阻力以及测试系统中的风速。每一个风速或阻力值都对应着一个过滤装置输出压电信号，反之亦然。由此可通过监测过滤装置的压电信号得出通风系统中实时风速或过滤装置的实时阻力。

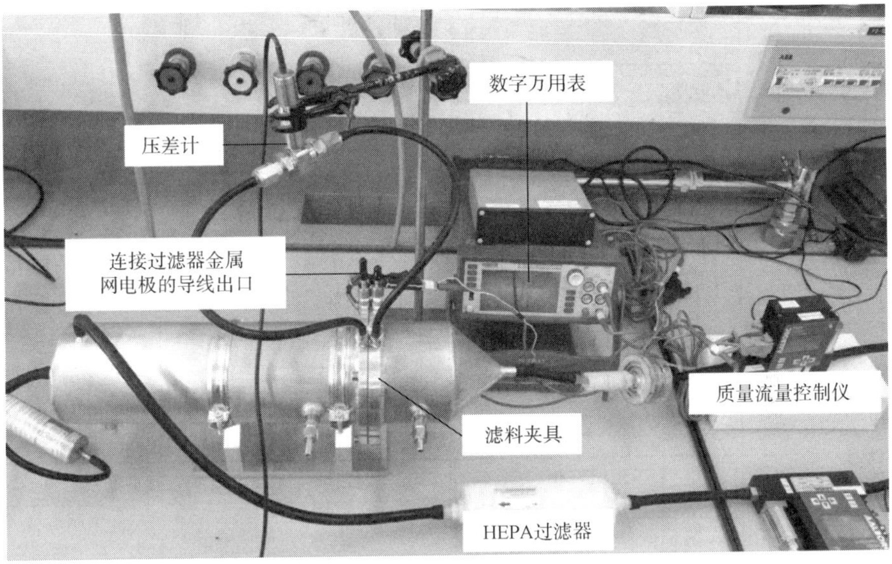

图 7-3　多功能过滤装置电信号采集装置

7.1.4.2　能量收集电路及放电抑菌性能测试

多功能过滤装置产生的是交流信号［图 7-4（a）］，对于交流电的储能电路，传统方法是通过图 7-4（b）所示的全波整流电路将交流信号整流，其优点是可以得到完整的交流信号，其弊端是产生的电信号要经过两个二极管，产生更大的能量损耗。本实验的多功能过滤装置产生的电信号小于能量收集专用的压电系统，因此更小的能量损耗是优先选择。多功能过滤装置配备的能量收集电路是图 7-4（c）所示的两个并联半波整流电路，两个电容器分别用于储存交流电的正负两端。由于交流信号只经过一个二极管，能量损耗更小，充满电的两个电容器可以串联使用，与全波整流电路相比，此电路结构更紧凑、能耗更小，图 7-4（d）为能量收集电路实物图。储存在电容器中的能量通过短路放电的形式释放到金属网电极上，以抑制细菌的生长［图 7-4（e）］。

具体实验步骤为：使用图 7-5 所示的雾化装置将细菌分散在过滤装置上，电容器充满电后（饱和电压 4V）向过滤器表面以 14 次/h 的频率放电，放电时间的影响后文有详细讨论。放电处理后，取出多功能过滤装置中的压电驻极体滤料，通过菌落计数法计算细菌灭活率。

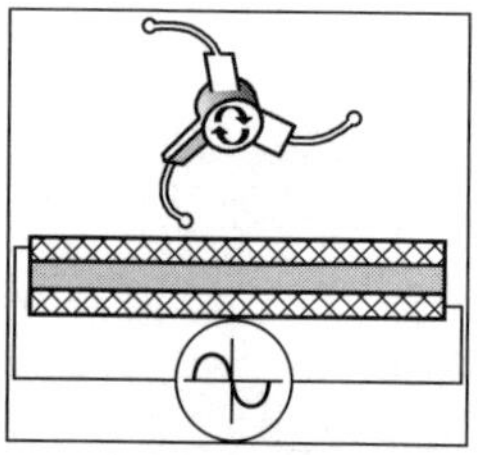

(a) 多功能过滤装置产生交流信号示意图

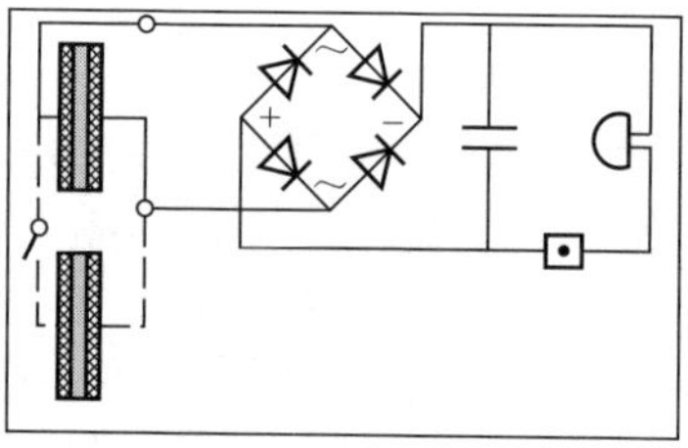

(b) 常用的全波整流电路

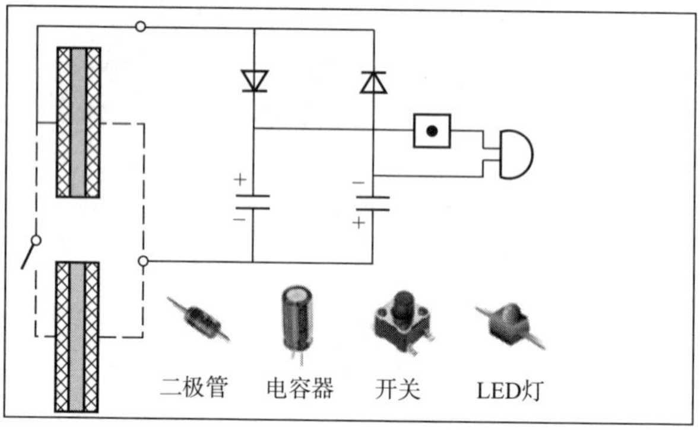

(c) 并联半波整流电路示意图

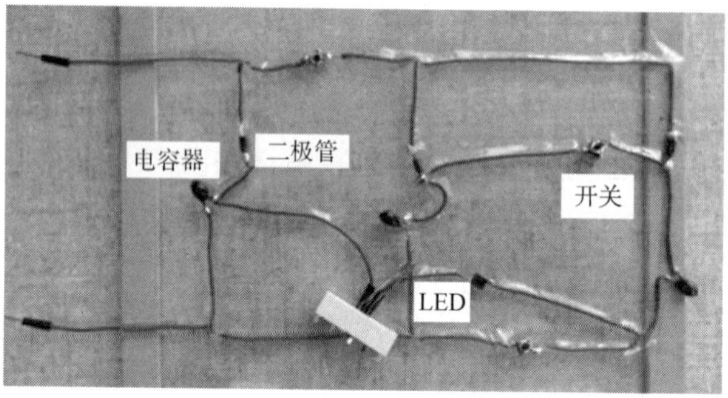

(d) 并联半波整流电路实物图

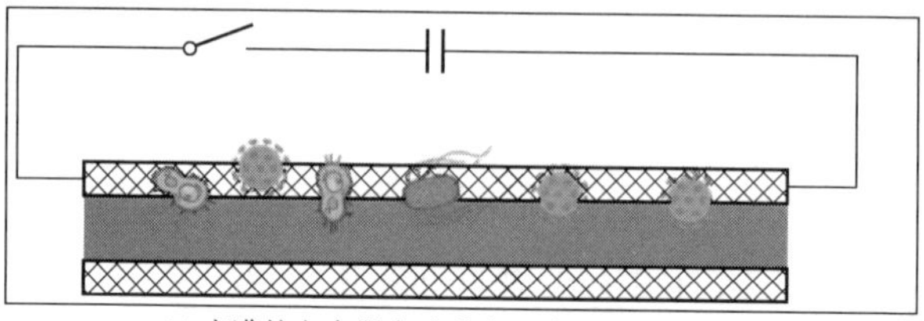

(e) 充满的电容器向滤膜表面放电抑菌示意图

图 7-4　能量收集电路及放电抑菌示意图

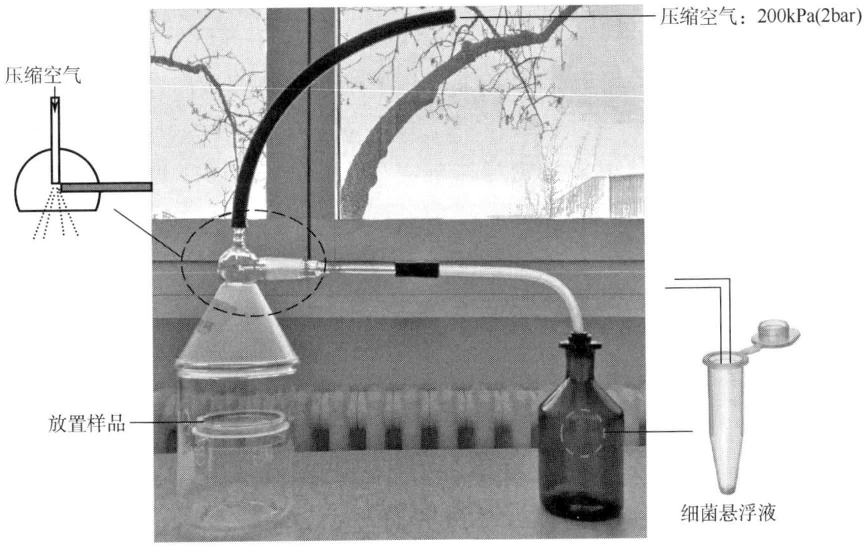

图 7-5　细菌雾化分散装置

菌落计数法具体步骤为：100μL 细菌悬浮液（约 10^6 个细胞）通过雾化装置直接加载在多功能过滤装置上，通过上述放电方式进行灭菌处理。灭菌后的样品和对照样品分别用无菌水洗脱。将 200μL 洗脱液涂在溶菌肉汤（Luria-Bertani）培养基（LB 培养基：15g/L 琼脂、10g/L 胰蛋白胨、5g/L 酵母提取物和 5g/L 氯化钠）上，将培养基在温度为 37℃、相对湿度为 50%的培养箱中培养 24h，通过菌落计数法统计细菌菌落数。

7.1.4.3　数据统计分析

本研究对每个样品重复测试三次，数据图使用 Origin 2018 软件处理。t 检验和单因素方差分析（one-way ANOVA）用于数据分析，p 值小于 0.05 表明在 95%的置信水平下存在统计学显著差异。

7.2 压电驻极体滤料的压电性能与过滤性能

7.2.1　锆钛酸铅浓度对压电电压的影响

使用两个金属网将 PZT/PVDF 压电驻极体滤料夹在中间作为过滤器放置

于通风系统中，两个金属网连接数字万用表以检测压电信号。将通风系统中的风速设置为常用过滤风速 5.3cm/s，测试结果如图 7-6 所示。PZT/PVDF 压电驻极体滤料的输出压电电压峰值随着 PZT 添加浓度的升高而增大，当 PZT 浓度为 1%时，压电电压峰值达到最大，约为 8V（风速为 5.3cm/s 时）。相同风速下电气石产生的压电信号为毫伏级，PZT/PVDF 驻极体滤料的输出压电信号远大于电气石产生的压电信号。

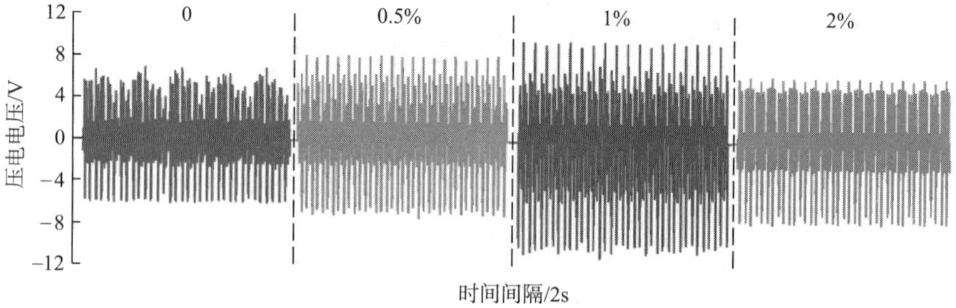

图 7-6　添加不同 PZT 浓度的 PZT/PVDF 压电驻极体滤料的输出压电

PVDF 本身的压电信号很高，在添加 PZT 纳米颗粒后压电信号进一步得到提高。PZT 的压电系数高于 PVDF 的压电系数，在 0~1%浓度范围内随着 PZT 浓度的增加，PZT/PVDF 压电驻极体滤料的压电系数随之增大，最终表现出 PZT 浓度与压电信号强度正相关。而在 0~2% PZT 浓度范围内，PZT/PVDF 压电驻极体滤料的压电信号先升高后降低（图 7-6），这表明 PZT 在增加复合驻极体滤料压电系数的同时，也改变了其他参数。通过 SEM 观测了 PZT/PVDF 纳米纤维形貌随 PZT 浓度升高产生的变化。如图 7-7、图 7-8 所示，PZT 浓度增加引起了 PZT/PVDF 纳米纤维直径增大。由于纤维比表面积

(a) 0　(b) 0.5%　(c) 1%　(d) 2%

图 7-7　含有不同浓度 PZT 的 PZT/PVDF 压电驻极体滤料纤维形貌

的减小以及纤维质量的增加，在面对外部压力刺激时振动幅度较小，最终导致 PZT 浓度过大时，PZT/PVDF 压电驻极体滤料的压电信号减小。添加浓度在 1%以下时，PZT 对 PZT/PVDF 压电驻极体滤料的压电输出信号表现出增强作用；当 PZT 添加浓度增加到 2%时，PZT 对压电信号的增强作用小于纤维直径变化对压电信号的减弱作用。

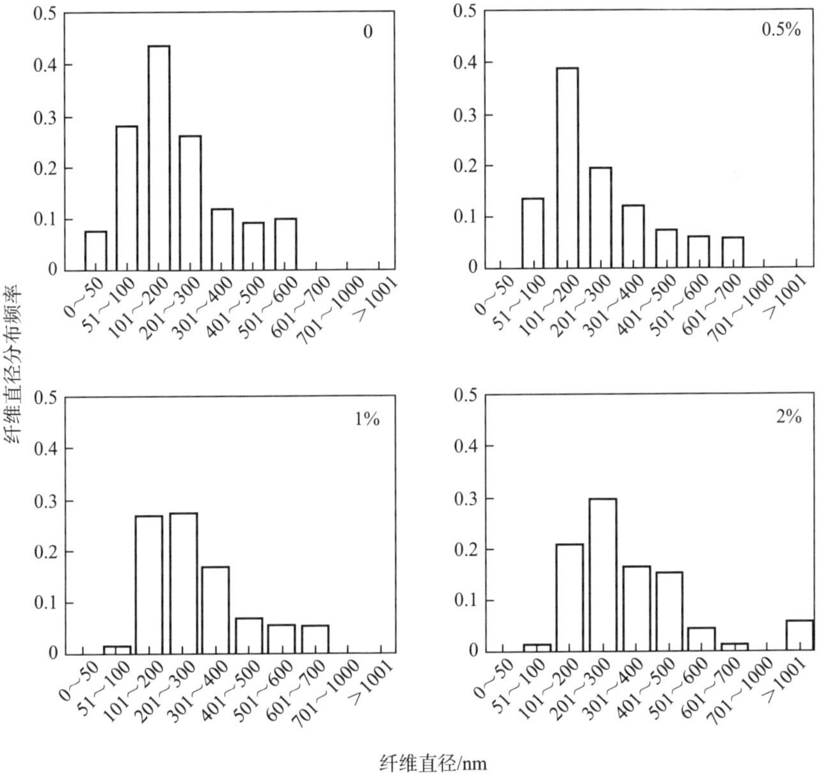

图 7-8　含有不同浓度 PZT 的 PZT/PVDF 压电驻极体滤料纤维直径统计

PZT 浓度为 1%的 PZT/PVDF 复合驻极体滤料压电输出信号最大的另一个原因可能是 PVDF 的 β 相比例。研究表明，β 相的 PVDF 压电性能最为突出。如图 7-9 所示，PZT/PVDF 复合驻极体滤料的 XRD 图谱中，随着 PZT 添加浓度的增加，PZT 的特征峰强度增大，同时 PVDF 的特征峰与纯 PVDF 相比强度下降。在含有不同浓度 PZT 的压电驻极体滤料中，当 PZT 浓度为 1%时，$2\theta=\sim 20°$处的特征峰强度最大（PVDF 的 β 相特征峰）。PZT 在极化过程中充当电场源并促进其他的 PVDF 聚合物相转变为β相；同时，静电纺 PVDF 纤维含有高比例的β相。由于以上两方面因素，本实验中 PZT 浓度为 1%时制备的 PZT/PVDF 复合驻极体滤料中，β相 PVDF 的比例最高。

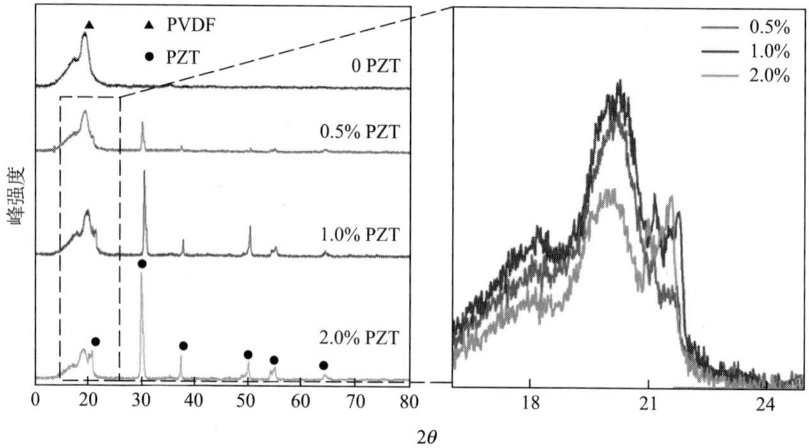

图 7-9　含有不同浓度 PZT 的 PZT/PVDF 压电驻极体滤料的 XRD 图谱

7.2.2　滤料面积和厚度对压电电压的影响

如图 7-10（a）所示，对于 110μm 厚的 PZT/PVDF 复合驻极体滤料，随着滤料面积由 11cm^2 增大到 100cm^2，其输出压电电压峰值由 ~3V 增加到~12V。对于面积为 66cm^2 的 PZT/PVDF 复合驻极体滤料，厚度分别为 62.5μm、75μm 和 110μm 时，其输出压电电压峰值分别为~4V、~6V、~10V［图 7-10（b）］。选用了几种常用的滤料作为参照样品进行压电测试以验证压电信号是由 PZT/PVDF 压电驻极体滤料产生的。如图 7-10（c），与 PZT/PVDF 压电驻极体滤料产生的压电信号相比，滤纸、PTFE 驻极体滤料和尼龙滤料产生的压电信号极其微弱，可以忽略不计。该结果证明了采集到的压电信号是由 PZT/PVDF 压电驻极体滤料产生的。

7.2.3　压电驻极体滤料的过滤性能

PZT/PVDF 压电驻极体滤料的过滤效率测试使用 3.1.2.3 所示测试系统进行，测试风速为 5.3cm/s，厚度为 62.5μm、75μm、110μm 的滤料对应阻力分别为 130Pa、195Pa 和 320Pa。滤料厚度的测试方法为：将滤料浸泡在环氧树

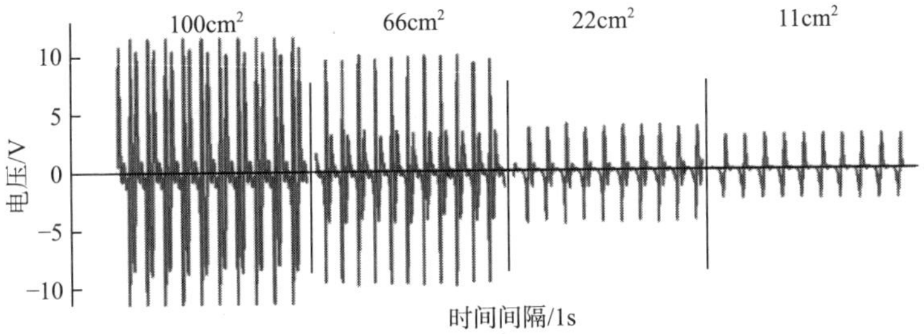

(a) 厚度为110μm的不同面积PZT/PVDF压电驻极体滤料压电输出信号

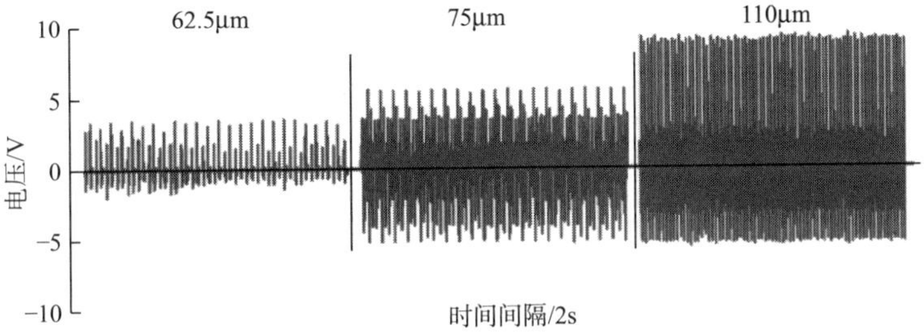

(b) 面积为66cm²的不同厚度PZT/PVDF压电驻极体滤料压电输出信号

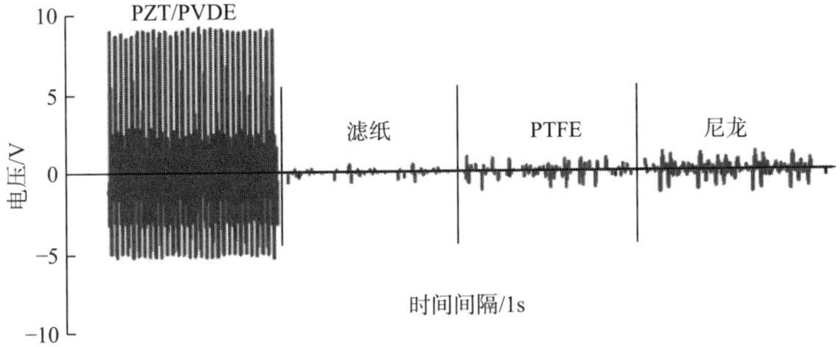

(c) PZT/PVDF压电驻极体滤料、滤纸、PTFE静电滤材与尼龙滤料的压电输出信号

图 7-10　不同材质滤料的压电输出信号

脂中，固化后切片，通过光学显微镜测量滤料厚度，滤料厚度测试样品图如图 7-11 所示。

效率测试结果如图 7-12 所示，PZT/PVDF 压电驻极体滤料对 50～500nm 颗粒物的过滤效率随着滤料厚度的增加而增加，当厚度由 62.5μm 增加到 110μm 时，最易穿透粒径由 200nm 减小到 50nm。黄（Huang）等将厚度较大的驻极体滤料的高过滤效率归因于颗粒物可沉积的空间更多。与较薄的滤料

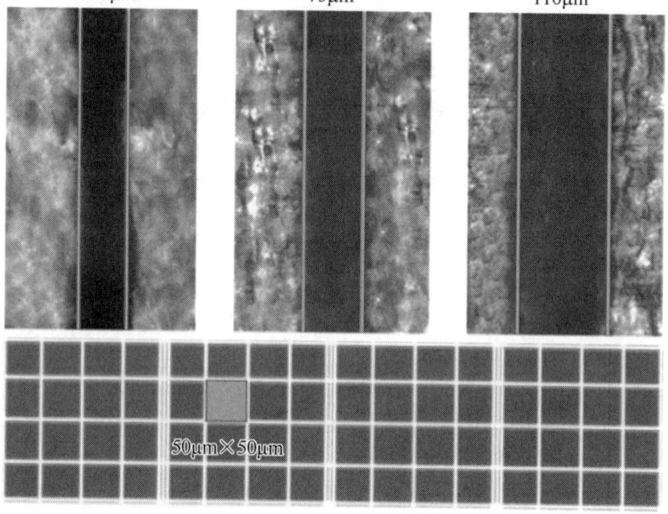

图 7-11　滤料厚度测试样品的光学显微镜图片

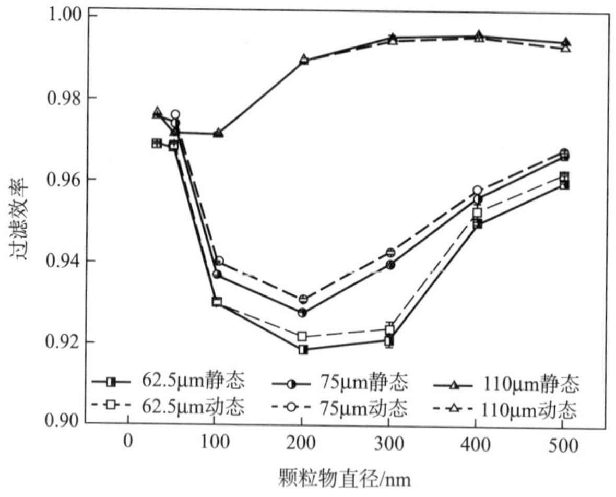

图 7-12　不同厚度 PZT/PVDF 压电驻极体滤料的过滤效率

相比，较厚的 PZT/PVDF 压电驻极体滤料提供了更多层的过滤介质，这些过滤介质可以看作是额外的驻极体滤料。经查阅得知，一些驻极体滤料的最易穿透粒径在 100nm 以下。厚度为 110μm 的 PZT/PVDF 压电驻极体滤料对

100nm 以下颗粒物的过滤效率大于 97%，对 200nm 及以上颗粒物的过滤效率大于 99%。在有转轮敲击的振动状态下（动态），厚度为 62.5μm 和 75μm 的 PZT/PVDF 压电驻极体滤料的过滤效率高于静态状态下的过滤效率，厚度为 110μm 的 PZT/PVDF 压电驻极体滤料的过滤效率最高。敲击滤料的转轮由通风系统中的气流驱动，而气流本身也会引发滤料的振动，这些振动源都是使 PZT/PVDF 压电驻极体滤料产生压电信号的原因。

与电气石产生的毫伏级电压相比，PZT/PVDF 驻极体滤料在相同的风速刺激下可产生十几伏的压电电压，是电气石产生压电信号的 150 多倍。较高的压电电压意味着更大的动态电荷密度，PZT/PVDF 驻极体滤料的压电效应对滤料过滤效率的贡献更为显著。

7.3 多功能过滤装置基于压电效应的风速与阻力传感

7.3.1 多功能过滤装置对通风系统风速的压电响应

将基于 PZT/PVDF 复合驻极体滤料的多功能过滤装置夹持在图 7-3 所示的测试系统中，进行了不同风速下多功能过滤装置压电信号测试，结果如图 7-13所示。在不同流量下过滤面积为 110cm^2 的过滤装置输出压电电压大小不同，随着通风系统内的风速增大，过滤装置两端的压差增大，其受压性增强，压电电压增大。对 10~100L/min（对应风速范围 1.5~15cm/s）范围内

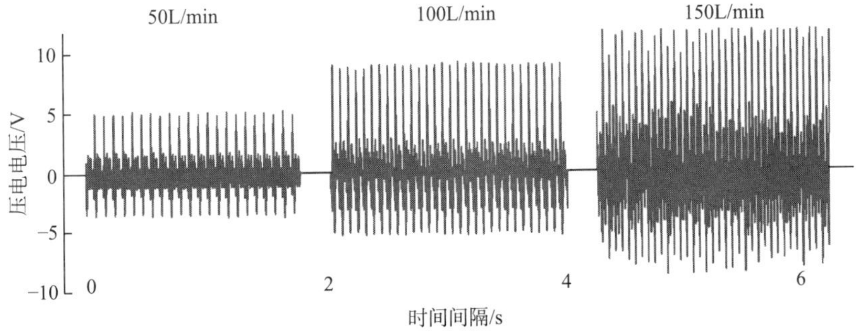

图 7-13　PZT/PVDF 多功能过滤装置在不同流量下的输出压电电压

的输出压电信号进行了测试，同时选用不会产生压电信号的滤纸作为参照样品。选取过滤装置输出压电电压的峰值作为对应流量下的信号响应，作流量—峰值电压关系曲线，结果如图 7-14 所示。

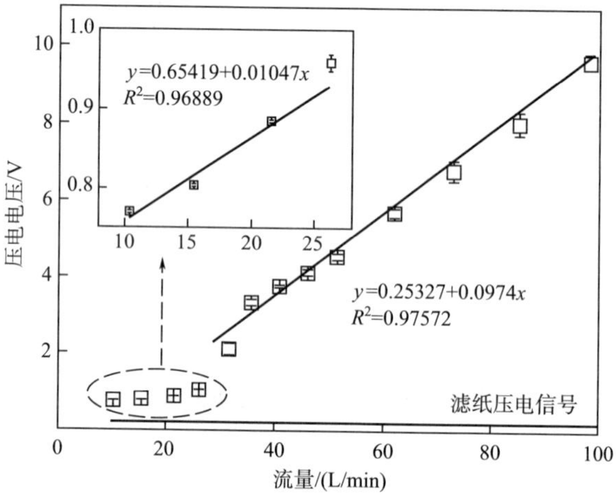

图 7-14　PZT/PVDF 过滤装置输出压电电压与流量关系

在改变流量大小过程中，参照样品（滤纸）的压电信号始终为 0，排除了因测试系统本身造成的误差。在 30～100L/min 范围内，流量与 PZT/PVDF 多功能过滤装置的输出压电电压峰值线性相关，通过线性拟合可得到流量与压电电压峰值之间的关系式：

$$\begin{cases} y = 0.25327 + 0.0974x \\ R^2 = 0.97572 \end{cases} \tag{7-1}$$

基于以上关系式，可以通过监测 PZT/PVDF 过滤装置的输出压电电压确定通风系统中的流量，流量对应着特定的风速，由此实现风速传感功能。

在 10～30L/min 范围内，多功能过滤装置的压电响应小于 1V，尽管可以通过数据拟合得到压电电压与流量的线性关系，但其精度较低，本文所设计使用的过滤装置对流量响应的下限为 30L/min。在测试流量范围内，没有观测到过滤装置对流量响应的上限，100L/min 的流量下通过过滤装置的风速大于绝大多数通风系统中的风速要求，因此多功能过滤装置可以满足常用的通风系统要求。

根据多功能过滤装置的结构设计可知，风速（流量）越大，其驱动飞轮转动的速度以及飞轮击打过滤器的力越大，因此过滤装置产生的压电信号越大，这是过滤装置对风速响应的结构性根源。使飞轮开始转动需要消耗一定的能量，即只有当风速提供的能量大于飞轮转动所需能量的最小值时飞轮才会转动。因此当风速较小时，飞轮转动速度小、击打过滤装置的强度低，过滤装置产生的压电信号小且不稳定。当风速逐渐增大，飞轮转动趋于稳定，过滤装置产生的压电信号较大且稳定。虽然没有继续测量得到过滤装置对风速响应的上限，但飞轮系统存在一个最大的转动极限，过滤装置产生的压电信号不会随着风速的增加无止境的增大。

7.3.2　多功能过滤装置对自身阻力的压电响应

多功能过滤装置的阻力与输出压电电压都受到沉积颗粒物的影响，因此可以将二者联系起来并建立数量关系，以此实现阻力传感功能。例如，随着颗粒物沉积，过滤装置的阻力升高，随着阻力增量（ΔP）由 0 增加到 500Pa，过滤装置的压电电压峰值由 ~5V 减小到 ~1V（图 7-15）。对具有相同结构参数的多功能过滤装置重复测试三次以验证信号稳定性，图 7-16 是同一批设计制造的另外两个多功能过滤装置相应的压电电压变化。

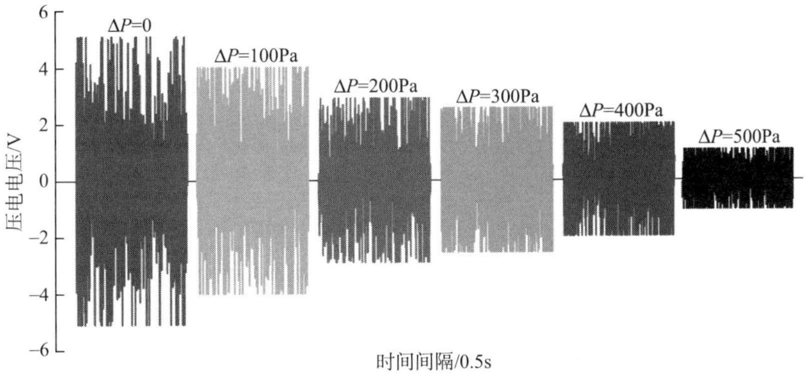

图 7-15　PZT/PVDF 多功能过滤装置在不同阻力增量下的输出压电电压

每一个阻力增量对应着一个峰值压电电压，经检验得知，峰值电压之间存在统计学意义上的显著差异。具有相同结构参数的不同多功能过滤装置相应压电输出误差小于 5%，见表 7-2。将测得的阻力增量与压电电压通过数据

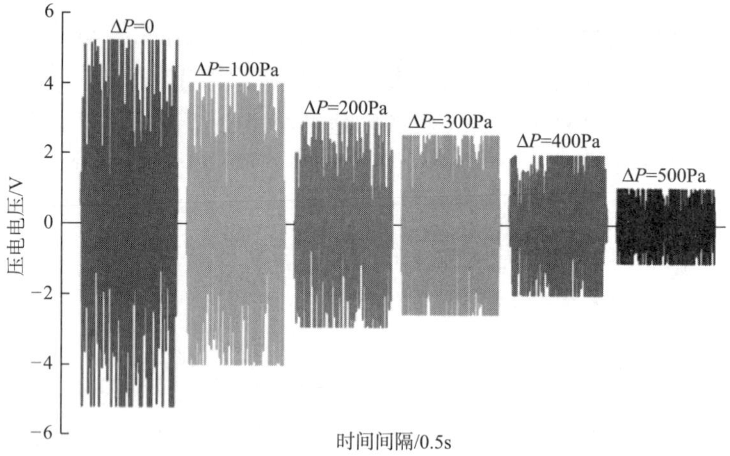

(a) 过滤器2

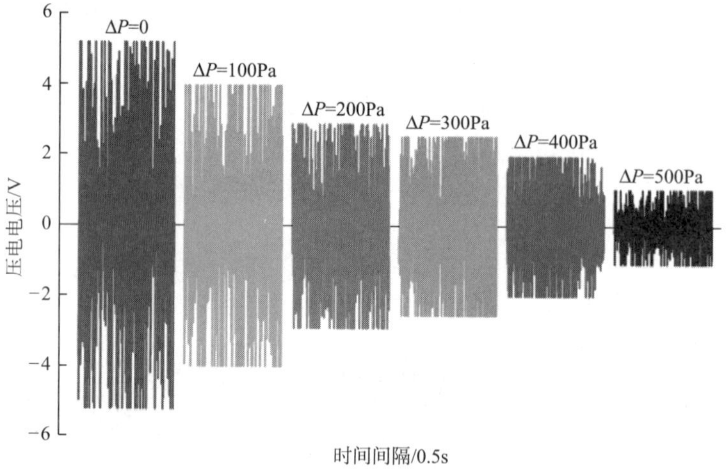

(b) 过滤器3

图 7-16　具有相同结构参数的不同 PZT/PVDF 多功能过滤装置在不同阻力增量下的输出压电电压

拟合可以建立数量关系式，如图 7-17 所示，阻力增量在 0～500Pa 范围内与多功能过滤装置输出压电电压峰值线性相关，并得到如下关系式：

$$\begin{cases} y=-0.0064x+4.3254 \\ R^2=0.9783 \end{cases} \tag{7-2}$$

基于以上关系式，可以通过监测 PZT/PVDF 多功能过滤装置的输出压电电压确定其本身的阻力值，由此实现阻力传感功能。

表 7-2　具有相同结构参数的不同 PZT/PVDF 多功能过滤装置在不同阻力增量下的输出压电电压误差

阻力增量/Pa	过滤器 1	过滤器 2	相对偏差(与过滤器 1 相比)/%	过滤器 3	相对偏差(与过滤器 1 相比)/%
0	4.48	4.26	4.91	4.36	2.68
100	3.83	3.79	1.04	3.68	3.92
200	2.78	2.72	2.16	2.75	1.08
300	2.54	2.50	1.57	2.52	0.79
400	1.98	1.95	1.57	1.97	0.79
500	1.06	1.02	3.94	1.04	1.57

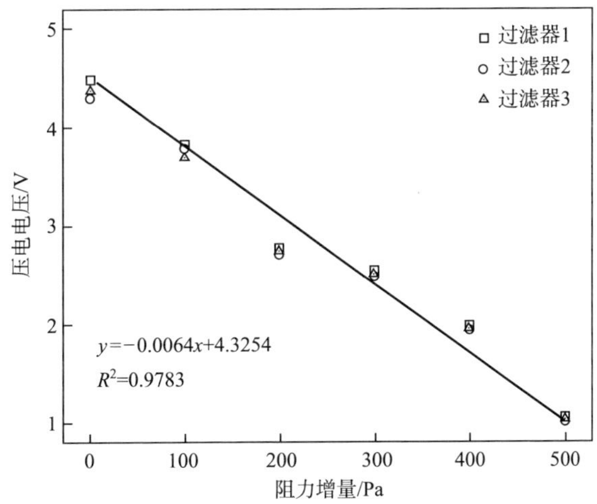

图 7-17　0~500Pa 内过滤装置阻力与输出压电电压峰值关系

7.3.3　多功能过滤装置风速与阻力传感理论分析

流量传感和阻力传感都是基于 PZT/PVDF 多功能过滤装置的开路电压监测，压电材料的开路电压 V_{oc} 可通过式（7-3）计算：

$$V_{oc}=I_{sc}R_i \tag{7-3}$$

式中：R_i 为材料内阻，I_{sc} 为短路电流。

I_{sc} 表达为：

$$I_{sc}=2\pi d_{31}\gamma EA_{E}f\varepsilon_{11} \tag{7-4}$$

式中：d_{31} 为压电系数，E 为材料杨氏模量，γ 是几何影响参数，A_E 为压电材料有效工作面积，f 为外部加载频率，ε_{11} 为振动过程中材料的拉伸应变。

R_i、d_{31}、E 均为材料的固有参数，γ 取决于电极几何特征。本书中，恒定大小的气流驱动转轮最终转化为固有频率的振动，f 恒定。将 $2\pi d_{31}\gamma EfR_i$ 整体考虑为一个常数 λ，式（7-3）可写为：

$$V_{oc}=\lambda A_E\varepsilon_{11} \tag{7-5}$$

如图 7-18 所示，假设多功能过滤装置中的 PZT/PVDF 压电驻极体滤料按周期振动，且每一个振动单元近似于正弦函数。因此材料的拉伸应变 ε_{11} 可表达为：

$$\varepsilon_{11}=\frac{\pi h_{PZT/PVDF}}{l_{PZT/PVDF}}\cos\left(\frac{2\pi \boldsymbol{x}}{l_{PZT/PVDF}}\right)\sqrt{\Delta x} \tag{7-6}$$

$h_{PZT/PVDF}$ 与 $l_{PZT/PVDF}$ 分别是 PZT/PVDF 压电驻极体滤料的厚度和长度，$\boldsymbol{x}$ 为材料沿受力方向的形变量，Δx 为材料的形变，则：

$$\Delta x=\Delta x_1+\Delta x_2 \tag{7-7}$$

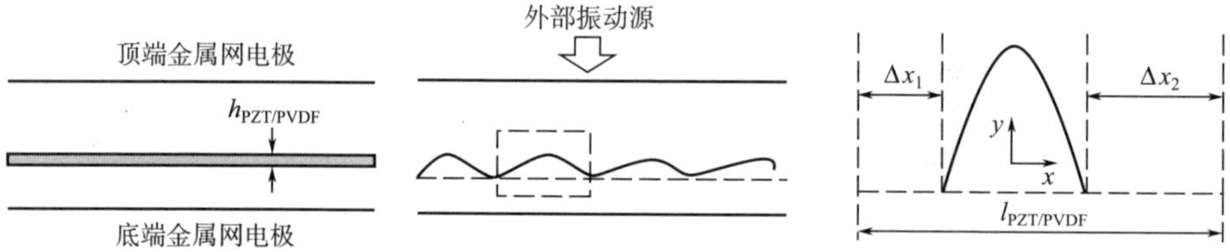

图 7-18　PZT/PVDF 压电驻极体滤料振动过程示意图

Δx 与 PZT/PVDF 压电驻极体滤料重量和沉积在上面的颗粒物重量有关，然而在如此复杂的振动系统中，很难确定重量对压电驻极体滤料形变的影响。为深入分析压电驻极体滤料的振动过程，将一个振动周期中的单个振动单元等效为质量 m_0 的无阻尼弹簧系统的强迫振动［图 7-19（a）］。因此，m_0 的运动过程可描述为：

$$\frac{(m_0+\Delta m)}{g_c}\frac{\Delta l}{\Delta t^2}+K(l_0+\Delta l)=F_0\sin f_t \tag{7-8}$$

式中：g_c 是数值与重力加速度相等的常数；F_0 是外部施加力；f_t 是振动频率；K 是弹簧弹性系数；l_0 是弹簧的静态挠度；m_0 与 Δm 分别是初始质量和质量增量；Δt 为单位时间。

Δl 为弹簧的形变，其在数值上等于 Δx。当外力 F_0 施加到弹簧系统时：

$$\Delta l=\frac{g_c\Delta t^2(F_0\sin f_t-Kl_0)}{Kg_c\Delta t^2+(m_0+\Delta m)} \tag{7-9}$$

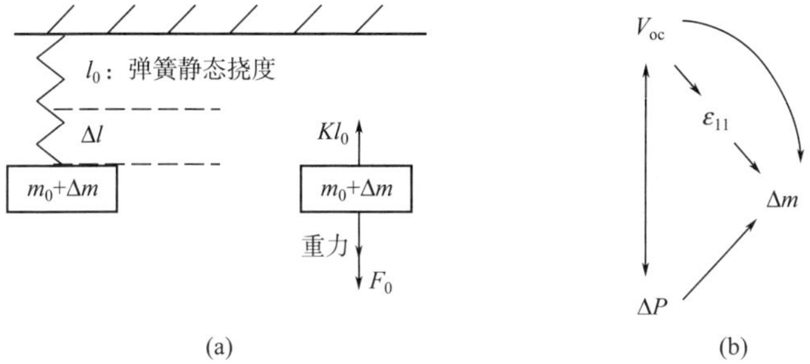

图 7-19　PZT/PVDF 压电驻极体滤料单个振动单元等效无阻尼弹簧振子的强迫振动模型

在 PZT/PVDF 压电驻极体滤料振动系统中，压电驻极体滤料的质量即是无阻尼弹簧系统的质量。随着颗粒物沉积在膜上，整个系统的质量增加。根据式（7-5）、式（7-6）和式（7-9），PZT/PVDF 压电驻极体滤料质量的增加直接导致了滤料形变的 Δx 减小，进而导致拉伸应变 ε_{11} 减小，最终表现为开路电压 V_{oc}减小。同时，颗粒物的沉积使 PZT/PVDF 压电驻极体滤料阻力升高。如图 7-19（b）所示的逻辑关系可以建立，ΔP 与 Δm 线性相关，V_{oc}与 ε_{11}线性相关，ε_{11}与 Δm 非线性相关，V_{oc}与 Δm 非线性相关，因此 ΔP 与 V_{oc}非线性相关。根据式（7-5）判断，Δm 不是决定输出压电电压的唯一因素，PZT/PVDF 压电驻极体滤料的有效工作面积（A_E）在颗粒物沉积过程中是变化的。A_E 的变化是因为沉积的颗粒物屏蔽了纤维，减小了 PZT/PVDF 压电驻极体滤料与金属网电极的有效接触面积。

综上所述，沉积在 PZT/PVDF 压电驻极体滤料上的颗粒物增加了过滤装置阻力的同时减小了过滤装置的输出压电电压，因此在逻辑关系上过滤装置输出压电电压随着阻力增长而减小，实验数据量化证明了此过程。然而，因为分析过程过于复杂，很难建立 ΔP 与 V_{oc}之间的精准量化关系。方便起见，如图 7-14 所示的线性拟合方程可以表达 ΔP 与 V_{oc}之间的量化关系。在实际应用中，针对每一个 PZT/PVDF 多功能过滤装置可以通过校准测试确定 ΔP 与 V_{oc}关系式，关系式确立之后即可通过监测 PZT/PVDF 多功能过滤装置的压电输出确定过滤装置的阻力，由此实现了 PZT/PVDF 多功能过滤装置的阻力自传感。

对于流量传感过程，分析无粉尘沉积情况下的压电驻极体滤料受力情况。无粉尘沉积时，Δm 为 0，式（7-9）可写为：

$$\Delta l = \frac{g_c \Delta t^2 (F_0 \sin ft - Kl_0)}{Kg_c \Delta t^2 + m_0} \tag{7-10}$$

根据式（7-10），影响压电驻极体滤料形变的为外部施加力 F_0 与频率 f_t。首先只分析一个打击锤的水平方向受力情况，如图 7-20 右侧图所示，打击锤水平方向上的力始终为风流提供的动力，根据气流产生的风压公式可知：

$$F_0 = \frac{1}{2}\rho v^2 \tag{7-11}$$

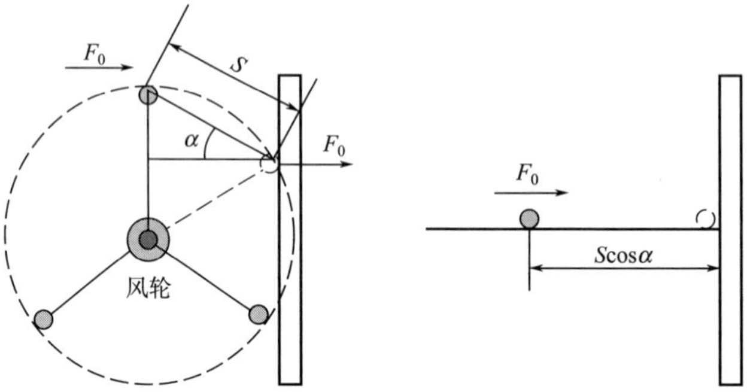

图 7-20　打击锤在风流驱动下受力示意图

随着风速的提高，打击锤水平方向受力增大，膜形变量随之增大，因此在图 7-14 中观察到随着风速增加，过滤器输出压电电压增大。同时，根据图 7-20可得到打击锤的运动方程：

$$S\cos\alpha = \frac{1}{2}\alpha t^2 \tag{7-12}$$

$$\alpha = \frac{F_0}{m} \tag{7-13}$$

将式（7-12）代入式（7-13）可得：

$$S\cos\alpha = \frac{F_0 t^2}{2m} \tag{7-14}$$

α 由打击锤和过滤装置界面相对位置决定，对于特定的过滤装置 α 为常数。通过式（7-14）可知，当风速增加，打击锤在水平方向受力增加，打击锤由初始位置到与过滤装置界面击打点的时间 t 减小，这意味着相同时间内打击锤击打过滤装置界面的次数增加。这与实验观察到的规律一致，如图 7-13

所示，随着系统内风速的增大，相同时间内过滤装置输出电压峰值数由 44 增加到 72。打击锤在水平方向受力的增大使过滤装置振动幅度增大，因此压电电压增大，由此实现了过滤装置压电电压对不同风速的响应。

7.4 多功能过滤装置基于压电效应的能量收集与抗菌性能

7.4.1 能量收集性能

如图 7-21 所示的全波整流电路和半波整流电路各有优缺点。全波整流电路可以采集到信号正负两端，但因为经过两个二极管，信号强度降低。半波整流电路采集到的信号强度大，但只能收集到一端的信号。分别测量了全波整流电路和半波整流电路对 PZT/PVDF 多功能过滤装置产生的压电信号整流情况，结果如图 7-22 所示。能量损耗较大的全波整流电路导通电压大，PZT/PVDF 多功能过滤装置产生的大部分信号小于该导通电压，因此收集到的信号数量和强度都小于半波整流电路，全波整流电路不适合 PZT/PVDF 多功能过滤装置产生的压电信号的整流。为充分收集压电信号，采用图 7-2（a）中所示的并联半波整流电路。

使用如图 7-23 所示的 PZT/PVDF 多功能过滤装置产生的三个不同强度交流信号对电容器充电，三个信号的峰值电压（V_{max}）分别为 6V、7V、8V。10μF 电容器的充电曲线如图 7-24（a）所示，初始阶段，电容器以较快速度充电，随着充电过程的进行，充电速度逐渐放缓，三个信号充电的 10μF 电容器最终饱和电压（V_s）分别为 2.8V、3.2V、4.0V。结果表明，电容器充电饱和电压约为 PZT/PVDF 多功能过滤装置产生的对应信号峰值电压的 50%。

V_s 取决于能量储存系统的能量转换效率，组成整流电路的二极管具有导通电压 V_F，当 PZT/PVDF 多功能过滤装置产生的信号强度小于 V_F 时，二极管处于关闭状态，这就导致必然会有能量损失，电容器饱和电压小于 V_F。梓（Zi）等提出用电压 V 与转移电荷 Q 的关系图分析摩擦纳米发电机对电池/电容器的充电过程：

$$V_s = \frac{V_{max} V'_{max}}{V_{max} + V'_{max}} \tag{7-15}$$

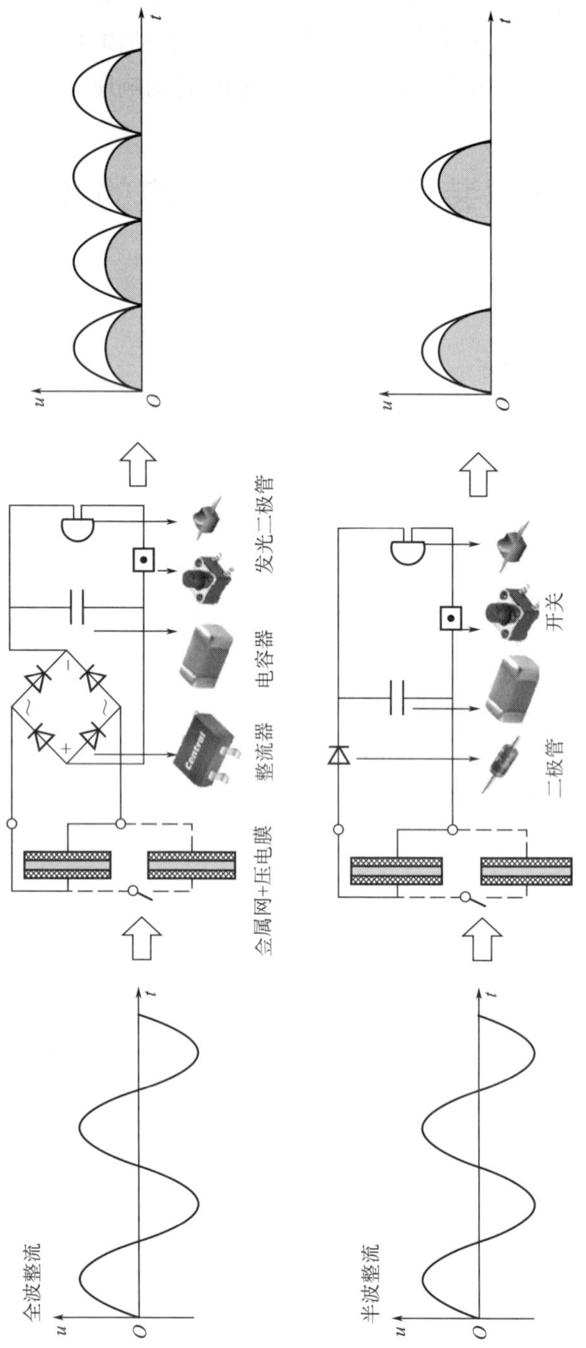

图7-21　全波整流电路与半波整流电路采集信号示意图

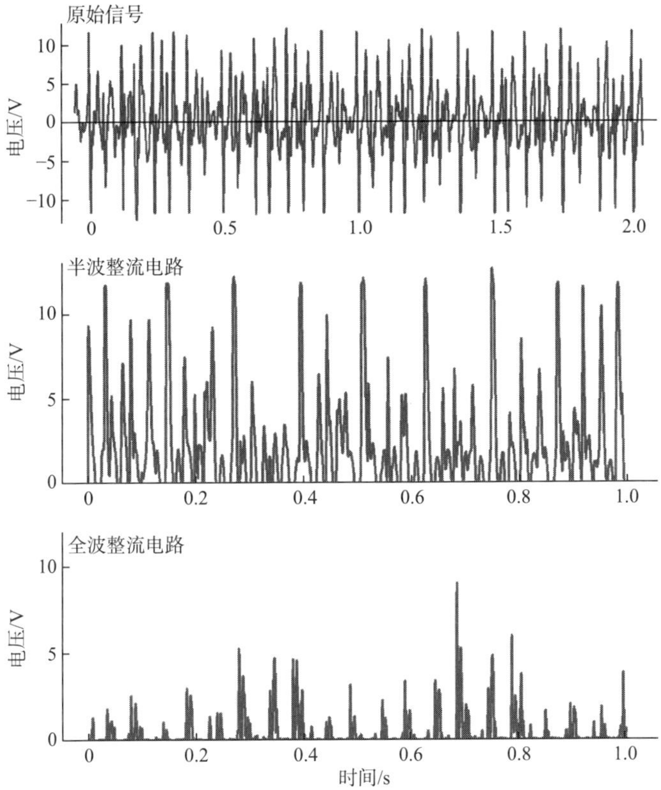

图 7-22　全波整流电路与半波整流电路对 PZT/PVDF 多功能过滤装置产生信号整流效果

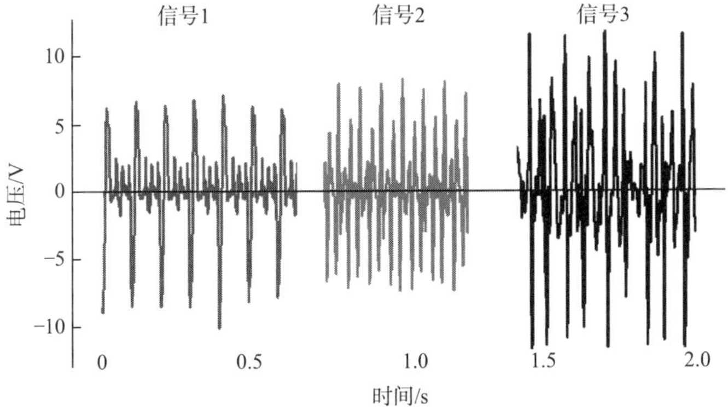

图 7-23　PZT/PVDF 多功能过滤装置产生的三个不同强度交流信号

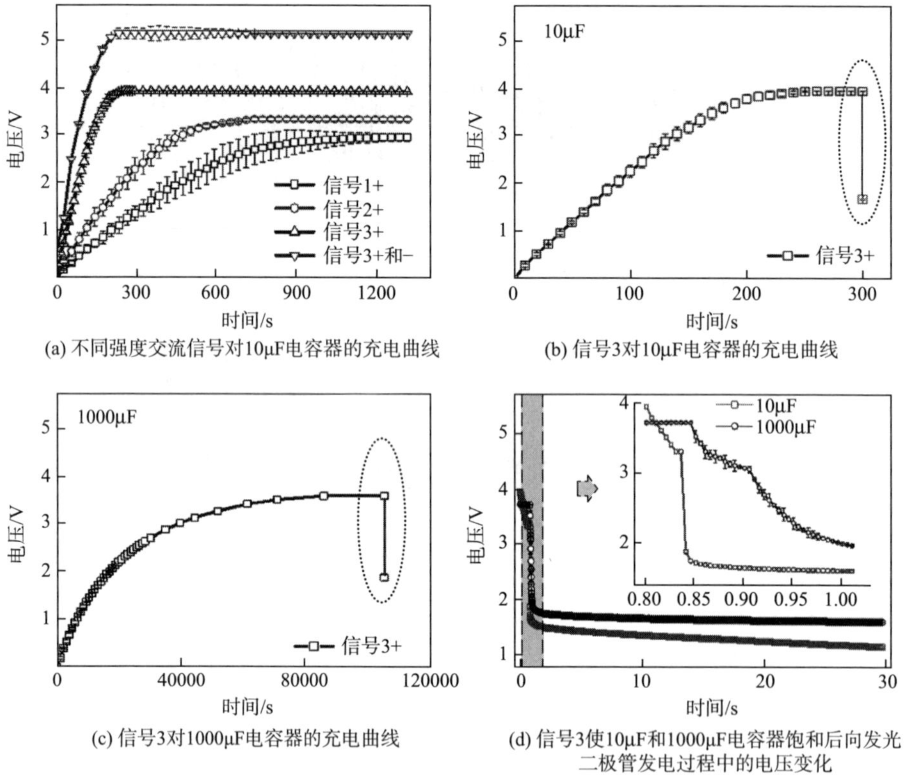

(a) 不同强度交流信号对10μF电容器的充电曲线

(b) 信号3对10μF电容器的充电曲线

(c) 信号3对1000μF电容器的充电曲线

(d) 信号3使10μF和1000μF电容器饱和后向发光二极管发电过程中的电压变化

图 7-24 电容器充放电曲线及电压变化

V_{max}是 $Q=0$ 时的最大开路电压，V'_{max}为 Q 等于最大短路转移电荷时可达到的最大绝对电压。PZT/PVDF 多功能过滤装置的结构与典型的接触式纳米发电机类似，两个金属网电极夹持 PZT/PVDF 压电驻极体滤料构成一个电容器，且电容值固定，$V_{max}=V'_{max}$。根据式（7-15）可知，PZT/PVDF 多功能过滤装置对电容器充电能达到的饱和电压最大值为 V_{max} 的 50%，这与实验测得的数值一致。

配有整流器的纳米发电机对电容器充电的过程与直流电源对电容器的充电过程类似，系统的充电表现与使用的电容器有关。使用图 7-23 中所示的峰值电压为 8V 的信号 3 分别对 10μF 和 1000μF 的电容器充电，充电曲线如图 7-24（b）和图 7-24（c）所示。结果表明，不同大小的电容器最终饱和电压几乎一致，但是电容值较大的电容器需要更长的时间达到饱和电压。

使用相同的多功能过滤装置产生的同一信号对不同电容器进行充电，电容值较大的电容器需要更长的时间达到饱和电压，这意味着其具有更高的能量密度。如图 7-25 所示，分别使用由多功能过滤装置充至饱和电压的 10μF 电容器和 1000μF 电容器对一个发光二极管供电，10μF 电容器仅可使发光二极管闪烁一下且亮度较低，而 1000μF 电容器可使发光二极管常亮 20s 以上，在初期发光二极管亮度较高，随着电容器内电荷密度的降低，发光二极管的亮度随着降低。该实验结果证明了多功能过滤装置可以成功实现能量收集功能，且收集到的能量可向电子元器件供电。本实验，收集到的能量最终被用于灭活过滤器表面沉积的细菌。

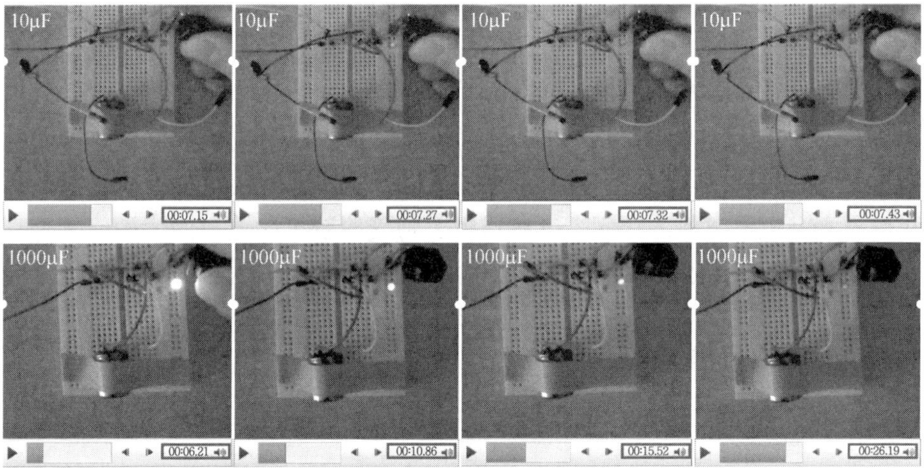

图 7-25　由多功能过滤装置充至饱和电压的 10μF 电容器和 1000μF 电容器对一个发光二极管供电过程视频截图

表 7-3 总结了部分现有的自支撑空气洁净装置，可以看出，外部纳米发电机收集能量向过滤装置供电以提高过滤效率是普遍的设计思路。在这些系统中，驱动纳米发电机的机械运动包括自行车轮、人体活动以及风等。这些外部驱动能往往要超出一般通风系统所能提供的风能，例如，之前的一项研究中，自支撑静电空气过滤器中驱动纳米发电机的风速达到了 10.2~15.1m/s，此风速远超一般通风系统中的过滤风速（2~50cm/s）。相比之下，PZT/PVDF 多功能过滤装置是在没有任何外部能量协助的情况下收集过滤系统中的微弱风能。与一般的自支撑空气过滤器不同，PZT/PVDF 多功能过滤装置过滤效率较高，其收集到的风能不是用来提高过滤效率而是用来抑制细菌生长的。

表 7-3 PZT/PVDF 多功能过滤装置与已报道的自支撑空气洁净设备对比

序号	纤维类型	颗粒尺寸	过滤效率	过滤器是否直接收集能量	收集能量用途	能量来源
1	—	飞灰	0.327g/5h	否	静电除尘	鼓风机
2	纤维素	2.5μm	83.78%	否	滤料荷电	车轮转动
3	聚酰亚胺	33.4nm	90.60%	否	滤料荷电	电动机
4	聚酰亚胺	53.3nm	94.10%	否	滤料荷电	电动机
本研究	聚偏氟乙烯	30~500nm	98%	是	抑制细菌	通风气流

7.4.2 抗菌性能

PZT/PVDF 多功能过滤装置收集到的能量可以对发光二极管供电，证明了多功能过滤装置收集到的能量可被二次利用。本节使用收集到的能量抑制过滤器上沉积的细菌，以解决过滤器中生物气溶胶可能造成的污染问题。具体的实验过程为：将收集到的能量储存在电容器中，待电容器达到饱和电压后以放电的形式释放到过滤器迎尘面。PZT/PVDF 多功能过滤装置在 250s 内将 10μF 电容器充电至饱和电压 4V [图 7-24 (a)]，因此设置放电频率 14 次/h。如图 7-26 所示，按照设置频率向过滤装置迎尘面放电 5h 后，96%的 *Bacillus*

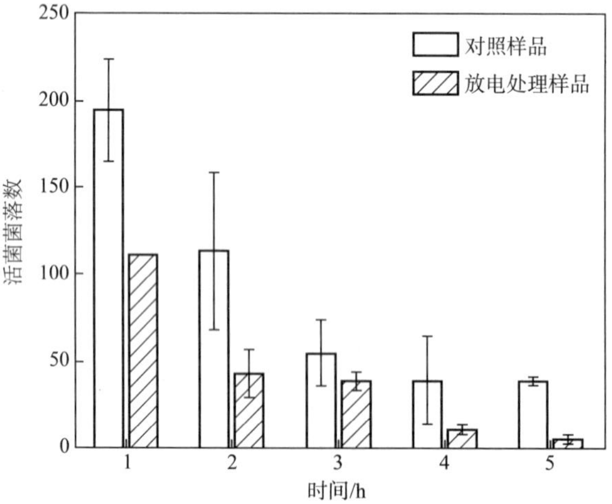

图 7-26 活菌菌落数随着放电处理时间的变化

subtilis（枯草芽孢杆菌）细菌被杀死。用于菌落计数的琼脂涂板可以清楚看出放电对细菌菌落数（活菌）的影响（图 7-27）。

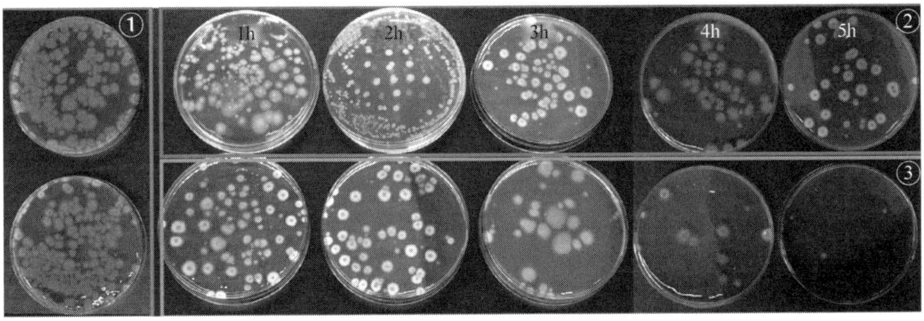

图 7-27　放电抑菌测试中用于菌落计数的琼脂涂板

①—原始 *Bacillus subtilis*　②—对照样品上 *Bacillus subtilis*　③—测试样品上 *Bacillus subtilis*

如图 7-28 所示，放电处理前后细菌的表面形貌没有发生明显变化。通过电场实现灭菌目的在近几十年已经被广泛研究，最为大众熟知的是使用

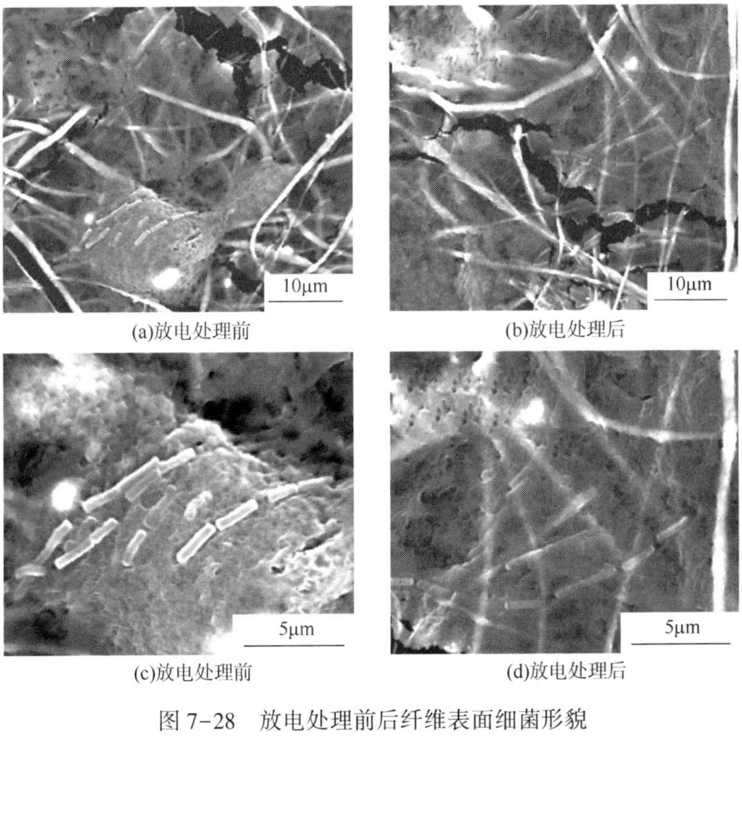

(a)放电处理前　(b)放电处理后

(c)放电处理前　(d)放电处理后

图 7-28　放电处理前后纤维表面细菌形貌

20kV/cm 或更高的高压电场进行灭菌处理。低电流抑制细菌生长已经被证明有效，广泛接受的电刺激抑菌机理是破坏微生物膜转运等基本生理功能；最近一项研究表明，细胞壁是放电抑制细菌生长过程中的靶向目标；现有文献认为，PZT/PVDF 多功能过滤装置收集到的能量通过放电电流起到抑菌作用，嗜盐细菌在 0.5A 恒定电流（4V 电压）处理下 10min 内被 100%杀死。相比之下，在本研究首次提出的过滤材料自生电—放电杀菌中，5h 内放电 70 次后，对照样品中 78%的枯草芽孢杆菌被杀死。相对较低的杀菌率由几方面原因导致：首先，实验中使用的枯草芽孢杆菌更难被灭活，因为枯草芽孢杆菌产生的内生孢子提供了额外的环境压力保护；其次，本实验中电容器的放电电流为 700nA（4V 电压），并在放电过程中逐渐减小（图 7-29），这可能是杀菌率略低的另一个原因。然而，本研究中用于细菌抑制的能量是由 PZT/PVDF 多功能过滤装置本身提供的，不需要任何外部电源。

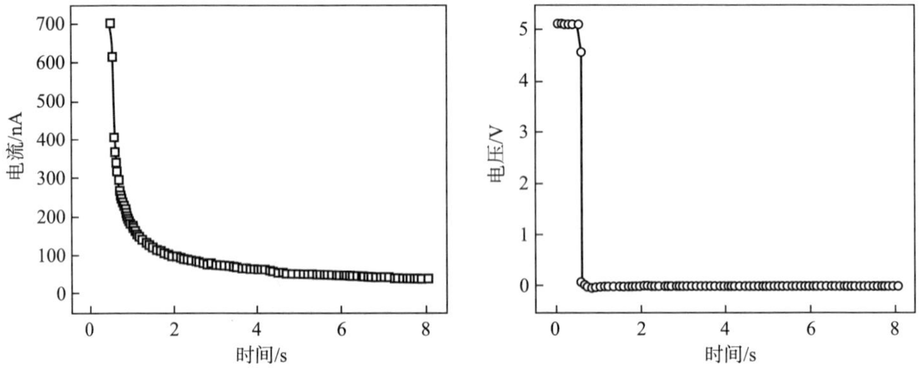

图 7-29　电容放电抑菌过程中电流与电压变化

7.5 本章小结

基于压电效应可以增强驻极体滤料过滤性能的思路，本章选取了聚合物中压电系数较高的聚偏氟乙烯为基体，压电系数更高的锆钛酸铅纳米粉末为添加剂，通过静电纺丝方法制备了压电性能优异的压电驻极体滤料。研究了锆钛酸铅在 0~2%浓度范围内对压电驻极体滤料压电性能的影响，结果表明，锆钛酸铅浓度为 1%时，压电驻极体滤料在过滤风速刺激下产生的压电电压峰值达到最大。较高压电电压使压电驻极体滤料的动态电荷密度更大，表现出优异的过滤性能。压电驻极体滤料的实际压电电压还随着滤料有效面积和厚度的增加而增大。

面对日益复杂的颗粒物污染问题，驻极体滤料除了需要较高的颗粒物过滤效率，还需具备多种功能以一体化处理多种污染物，同时降低能耗，因此多功能过滤装置是工业除尘领域和室内空气过滤领域未来的发展方向。以此为出发点，本章节对前文研究的压电驻极体滤料进行了结构设计，制备出了多功能过滤装置，并通过实验评估了过滤装置的多种功能。实验结果表明，多功能过滤装置成功实现了基于压电效应的4.5~15cm/s范围内风速传感、0~500Pa范围内阻力传感、5.3cm/s风速下的能量收集和抑菌功能。同时，提出并建立了压电驻极体滤料在通风系统中的风速和阻力传感模型，为压电驻极体滤料以及工业袋式除尘器的多功能化应用提供了实验和理论依据。

第8章 结论与展望

8.1 结论

通过系统的理论和实验分析，本文对驻极体滤料的荷电特性与电荷衰减机理、高稳定性驻极体滤料的研制、驻极体滤料的多功能应用开展了深入的研究。此外，以工业除尘用纳米纤维膜复合针刺毡滤料为研究对象，探索了纳米纤维膜的最佳制备参数，提出了纳米纤维膜与针刺毡滤料的复合方法并评估了纳米纤维膜复合针刺毡滤料的过滤性能。得到的主要结论如下：

① 常用工业除尘滤料中，聚四氟乙烯滤料通过电晕放电法处理后表现出最佳的极化强度。滤料极化强度随着电压和驻极时间的增加而增强，随着极间距离的增大而减弱。本文实验参数范围内，聚四氟乙烯驻极体滤料在单针电极电晕放电系统中的最佳驻极参数为驻极电压 15kV、极间距离 2cm、驻极时间 180min。电晕放电法制备的驻极体滤料，其最终极化强度由感应电荷和沉积电荷共同决定。

② 在时间、温度、湿度、颗粒物沉积等影响因素作用下，驻极体滤料过滤性能下降主要是沉积电荷衰减导致的。时间作用下沉积电荷通过电荷传导以及电荷中和而衰减。高温作用下沉积电荷通过电荷传导衰减，同时感应电荷的介电松弛更为显著。高湿环境中滤料表面形成的液滴层以及高粉尘浓度环境中颗粒物沉积在滤料表面形成的粉尘层，通过电荷传导和电荷屏蔽导致驻极体滤料电荷衰减。液滴层或粉尘层的电导率和介电常数分别影响了电荷传导和电荷屏蔽对电荷衰减的贡献大小，液滴层或粉尘层剥离后被屏蔽的电荷可恢复。为提高驻极体滤料的电荷稳定性，应避免过滤性能依赖于沉积电荷。

③ 使用晶体结构类似于偶极电荷的电气石颗粒研制出了高稳定性的复合驻极体滤料，电气石复合驻极体滤料的过滤性能几乎不受高温、高湿、有机溶剂等因素的影响。随着电气石纯度与添加浓度的增加，以及电气石颗粒粒径的减小，复合驻极体滤料过滤效率提升幅度增大。在本书研究范围内，电气石纯度为 87.52%、粒径范围为 18～38μm、添加浓度为 $5mg/cm^2$ 的复合驻极体滤料表现出最大的过滤品质因数。电气石对过滤性能的提升来源于其自发极化特性和压电性能，二者分别提高了静态电荷密度和动态电荷密度。

④ 利用静电纺丝技术，在 15kV 纺丝电压、21cm 接收距离、18%纺丝液质量分数的参数条件下，制备了具有最佳过滤性能且适用于工业除尘领域的 PET 纳米纤维膜。将 PET 纳米纤维膜和工业除尘用针刺毡滤料进行了简易复合后，测试了其阻力和对微细颗粒物的计数效率。结果表明，与工业上常用的 PTFE 膜相比，PET 纳米纤维膜具有更高的过滤效率和更低的阻力。PET 纳米纤维膜优异的过滤性能可弥补针刺毡滤料对微细颗粒物捕集效率差的问题。

⑤ 针对纳米纤维膜和针刺毡滤料复合牢度差的问题，本书首次提出了一步共纺覆膜法，详细分析了直接覆膜法、三明治热处理覆膜法及一步共纺覆膜法制备的纳米纤维膜复合针刺毡滤料的覆膜牢度、阻力及过滤效率。一步共纺覆膜法可将纳米纤维膜与针刺毡滤料的覆膜牢度提升至 1.55N/cm，该结果在已报道的纳米纤维膜覆膜牢度中处于领先地位。该方法制备的 PET/TPU 纳米纤维膜复合针刺毡滤料对微细颗粒物的过滤效率均高于 99.35%，同时，PET/TPU 纳米纤维膜的三维串珠结构有效降低了阻力，实现了低阻高效的理念。

⑥ 以具有较高压电系数的聚偏氟乙烯和锆钛酸铅纳米颗粒为介质，采用静电纺丝法制备出压电驻极体滤料。锆钛酸铅浓度为 1%时，压电驻极体滤料在 5.3cm/s 过滤风速刺激下产生的压电电压峰值达到最大（约为 8V），远大于相同风速下电气石产生的毫伏级压电信号。锆钛酸铅浓度对压电驻极体滤料压电性能的影响是 β 相聚偏氟乙烯转化比例和纤维几何尺寸共同作用的结果。压电驻极体滤料通过优异的压电性能提高了动态电荷密度，进而提高了其对微细颗粒物的过滤效率。

⑦ 基于纳米纤维的压电驻极体滤料设计研发了多功能过滤装置，压电驻极体滤料在风流刺激下的压电响应是多功能过滤装置的基本工作原理。多功能过滤装置成功实现了风速传感、阻力传感、能量收集以及抑制细菌功能。在 4.5～15cm/s 过滤风速范围内，过滤装置产生的压电信号与风速线性相关。

在 0~500Pa 阻力增量范围内，过滤装置产生的压电信号与过滤器自身阻力增量线性相关。5.3cm/s 过滤风速下过滤装置产生峰值电压为 8V 的压电信号，该压电信号可将电容器充电至约为峰值电压 50%的饱和电压。充电后的电容器可点亮发光二极管，且可通过间歇式放电的形式对过滤器表面沉积的枯草芽孢杆菌实现 96%的灭活效率。

8.2 展望

本书得到的结论解释了驻极体滤料面临的一系列问题，无论在实际应用还是理论研究上都具有重要意义。针对本书工作，还有一些方面存在完善的空间。例如，驻极体滤料静电衰减机理包括介电松弛、静电屏蔽、静电中和、电荷传导，本书通过实验和理论分析了不同因素作用下几种衰减机理对电荷衰减程度的影响，但是几种衰减机理之间的具体量化关系还有待进一步明确。此外，本书首次提出了基于压电驻极体滤料的多功能过滤装置概念，并通过实验证明了过滤装置可实现多种功能，表明了多功能过滤装置在空气过滤领域的巨大潜力，但是多种功能之间的耦合作用还需要深入详细的实验研究。

尽管本书对纳米纤维膜覆膜滤料进行了系统的研究，但仍需要进一步的研究工作来支持纳米纤维膜覆膜滤料的大规模应用。例如，通过实验验证了纳米纤维膜在多周期喷吹条件下的可靠性，然而在实际的工业应用中烟气的情况更复杂，烟气的酸碱性、温度、湿度等因素的耦合作用可能会对纳米纤维膜覆膜牢度产生影响，为解决这些问题需要进一步完善纳米纤维膜覆膜滤料动态性能测试平台，更进一步需要进行现场实验。

参考文献

[1] 蒙嘉璐，段绍帆，白洋，等．雾霾对行车安全的影响［J］．山东化工，2020，49（21）：255-256.

[2] 高广阔，宋皓，陈康，等．雾霾对上海高速公路交通安全的影响分析［J］．物流科技，2020，43（7）：73-77.

[3] 郑洁．试论区域性复杂天气对民航飞机起降的影响及保障措施［J］．科技创新导报，2020（7）：4，6.

[4] DAIBER A，KUNTIC M，HAHAD O，et al. Effects of air pollution particles (ultrafine and fine particulate matter) on mitochondrial function and oxidative stress-Implications for cardiovascular and neurodegenerative diseases [J]. Archives of Biochemistry and Biophysics，2020，696：108662.

[5] SUN Y M，TIAN Y Z，XUE Q Q，et al. Source-specific risks of synchronous heavy metals and PAHs in inhalable particles at different pollution levels：Variations and health risks during heavy pollution [J]. Environment International，2021，146：106162.

[6] FAN X Y，GAO J F，PAN K L，et al. More obvious air pollution impacts on variations in bacteria than fungi and their co-occurrences with ammonia-oxidizing microorganisms in $PM_{2.5}$ [J]. Environmental Pollution，2019，251：668-680.

[7] CHEN R J，LI Y，MA Y J，et al. Coarse particles and mortality in three Chinese cities：The China Air Pollution and Health Effects Study (CAPES) [J]. The Science of the Total Environment，2011，409（23）：4934-4938.

[8] YAO L，ZHAN B X，XIAN A Y，et al. Contribution of transregional transport to particle pollution and health effects in Shanghai during 2013-2017 [J]. The Science of the Total Environment，2019，677：564-570.

[9] 孟紫强，胡敏，郭新彪，等．沙尘暴对人体健康影响的研究现状［J］．中国公共卫生，2003，19（4）：471-472.

[10] 先世友．大气颗粒污染物对户外运动人群心肺功能的不利影响研究［J］．

环境科学与管理，2020，45（10）：77-81.

[11] 孙娜．大气颗粒污染物对胚胎发育影响的初步研究［D］．福州：福建医科大学，2011.

[12] 马驰．大气悬浮颗粒物污染浓度对户外健身人群健康影响研究［J］．环境科学与管理，2019，44（7）：88-91.

[13] 王轲，李峰．冬季颗粒物暴露对体育教师自觉症状及肺功能健康影响的研究［J］．生态毒理学报，2019，14（6）：186-194.

[14] 邓林俐，张凯山．雾霾频发区域典型城市大气 $PM_{2.5}$ 中金属污染特征及来源分析［J］．环境工程，2020，38（5）：113-119.

[15] OUCHER N，KERBACHI R，GHEZLOUN A，et al. Magnitude of air pollution by heavy metals associated with aerosols particles in Algiers［J］. Energy Procedia，2015，74：51-58.

[16] ONDER S，DURSUN S. Air borne heavy metal pollution of Cedrus libani（A. Rich.）in the city centre of Konya（Turkey）［J］. Atmospheric Environment，2006，40（6）：1122-1133.

[17] HOSSEN M A，CHOWDHURY A I H，MULLICK M R A，et al. Heavy metal pollution status and health risk assessment vicinity to Barapukuria coal mine area of Bangladesh［J］. Environmental Nanotechnology，Monitoring & Management，2021，16：100469.

[18] SHAO S Y，ZHOU D Z，HE R C，et al. Risk assessment of airborne transmission of COVID-19 by asymptomatic individuals under different practical settings［J］. Journal of Aerosol Science，2021，151：105661.

[19] DOMINGO J L，MARQUÈS M，ROVIRA J. Influence of airborne transmission of SARS-CoV-2 on COVID-19 pandemic. A review［J］. Environmental Research，2020，188：109861.

[20] GUJRAL H，SINHA A. Association between exposure to airborne pollutants and COVID-19 in Los Angeles，United States with ensemble-based dynamic emission model［J］. Environmental Research，2021，194：110704.

[21] SUTHERLAND K. Electrical and electronics：Filtration is key for electrical equipment and semiconductors［J］. Filtration & Separation，2010，47（6）：32-34.

[22] 马健锋，李英柳．大气污染物控制工程［M］．北京：中国石化出版社，

2013.
[23] 刘景良．大气污染控制工程［M］．北京：中国轻工业出版社，2002.
[24] 魏永杰，彭岩，金树宝，等．重力沉降室在水泥窑余热发电系统中的应用［J］．水泥工程，2011，4：83-84.
[25] ZHU Y，TAO S L，CHEN C，et al. Highly effective removal of $PM_{2.5}$ from combustion products：An application of integrated two-stage electrostatic precipitator［J］. Chemical Engineering Journal，2021，424：130569.
[26] KIM J S，KIM H J，HAN B，et al. Particle removal characteristics of A high-velocity electrostatic mist eliminator［J］. Aerosol and Air Quality Research，2020，20：852-861.
[27] R. C. Brown. Air filtration［M］. UK：Oxford，1993.
[28] BROWN R C，WAKE D. Air filtration by interception—Theory and experiment［J］. Journal of Aerosol Science，1991，22（2）：181-186.
[29] 孙熙，柳静献，李熙．中国袋式除尘滤料技术进步［J］．中美国际过滤与分离技术研讨会论文集，2009：237-239.
[30] 杜峰．空气净化材料［M］．北京：科学出版社，2018.
[31] 柳静献，毛宁，孙熙，等．我国除尘滤料历史、现状与发展趋势综述［J］．中国环保产业，2020，11：6-18.
[32] 王金波，孙熙，富明梅，等．我国滤料发展现状与前景展望［J］．中国环保产业，1998（2）：34-36.
[33] 史柳鉴，王鹏，郑佳文，等．滤料对微细粒子过滤性能实验研究［J］．工业安全与环保，2017，43：67-72.
[34] SIMON X，BÈMER D，CHAZELET S，et al. Consequences of high transitory airflows generated by segmented pulse-jet cleaning of dust collector filter bags［J］. Powder Technology，2010，201（1）：37-48.
[35] ELMØE T D，TRICOLI A，GRUNWALDT J D，et al. Filtration of nanoparticles：Evolution of cake structure and pressure-drop［J］. Journal of Aerosol Science，2009，40（11）：965-981.
[36] BAI R B，CHI T E. Further work on cake filtration analysis［J］. Chemical Engineering Science，2005，60（2）：301-313.
[37] 柳静献，毛宁，常德强，等．高密面层结构对针刺毡滤料性能影响的实验研究［J］．东北大学学报（自然科学版），2011，32（1）：129-132.

[38] 田新娇，柳静献，毛宁，等．基于海岛纤维的新型滤料实验研究［J］．东北大学学报（自然科学版），2017，38（8）：1163-1166.
[39] 石零，韩书勇，余新明．覆膜滤料特性实验研究［J］．工业安全与环保，2014（11）：64-66.
[40] 张倩，刘志强，柳静献，等．覆膜滤料过滤性能分析［J］．工业安全与环保，2021，47（1）：66-71.
[41] 寇婉婷，徐玉康，杨旭红．袋式除尘滤料的聚四氟乙烯后处理技术研究进展［J］．现代丝绸科学与技术，2020，35（5）：34-40.
[42] 邓洪．浸渍整理芳纶/PAN 预氧化纤维滤料性能［J］．纺织科技进展，2021（4）：15-17，22.
[43] 何建良，阳建军，宋西全，等．PTFE 浸渍整理对芳纶针刺毡滤料性能的影响［J］．印染，2019，45（20）：42-46.
[44] 周冠辰，韩建，于斌，等．玄武岩/聚苯硫醚纤维复合滤料 PTFE 乳液浸渍工艺研究［J］．浙江理工大学学报，2014（2）：122-126.
[45] 柳静献，常德强，毛宁，等．典型滤料对 PM1.0/PM2.5/PM10 细颗粒物捕集性能的研究［J］．中国环保产业，2013，6：22-25.
[46] LIU C，HSU P C，LEE H W，et al. Transparent air filter for high-efficiency $PM_{2.5}$ capture［J］. Nature Communications，2015，6：6205.
[47] LIU J X，PUI D Y H，WANG J. Removal of airborne nanoparticles by membrane coated filters［J］. Science of the Total Environment，2011，409（22）：4868-4874.
[48] 谢小军，黄翔，狄育慧．驻极体空气过滤材料静电驻极方法初探［J］．洁净与空调技术，2005（2）：41-44.
[49] WANG C S. Electrostatic forces in fibrous filters—a review［J］. Powder Technology，2001，118（1/2）：166-170.
[50] NIFUKU M，ZHOU Y，KISIEL A，et al. Charging characteristics for electret filter materials［J］. Journal of Electrostatics，2001，51/52：200-205.
[51] BROWN R C. Capture of dust particles in filters by linedipole charged fibres［J］. Journal of Aerosol Science，1981，12（4）：349-356.
[52] KRUCINSKA I. The influence of technological parameters on the filtration efficiency of electret needled non-woven fabrics［J］. Journal of Electrostatics，2002，56（2）：143-153.

[53] CHENG S H, CHEN J C, HU Y J. The performance of an electrostatically charged filter [J]. Journal of Aerosol Science, 1998, 29 (1/2): 242.
[54] BROWN R C. Electrically charged filter materials [J]. Engineering Science and Education Journal, 1992, 1 (2): 71.
[55] SHISHOO R. Plasma technologies for textiles [M]. Boca Raton, FL: CRC Press, 2007.
[56] TSAI P P, SCHREUDER-GIBSON H, GIBSON P. Different electrostatic methods for making electret filters [J]. Journal of Electrostatics, 2002, 54 (3/4): 333-341.
[57] 谢小军，黄翔，狄育慧. 驻极体空气过滤材料静电驻极方法初探 [J]. 洁净与空调技术，2005 (2): 41-44.
[58] 钱幺，吴波伟，钱晓明. 驻极体纤维过滤材料研究进展 [J]. 化工新型材料，2021，49: 42-46.
[59] TABTI B, DASCALESCU L, PLOPEANU M, et al. Factors that influence the corona charging of fibrous dielectric materials [J]. Journal of Electrostatics, 2009, 67 (2/3): 193-197.
[60] PLOPEANU M C, DASCALESCU L, NEAGOE B, et al. Characterization of two electrode systems for corona-charging of non-woven filter media [J]. Journal of Electrostatics, 2013, 71 (3): 517-523.
[61] SUN Q Q, LEUNG W W F. Charged PVDF multi-layer filters with enhanced filtration performance for filtering nano-aerosols [J]. Separation and Purification Technology, 2019, 212: 854-876.
[62] GUO Y H, HE W D, LIU J X. Electrospinning polyethylene terephthalate/ SiO_2 nanofiber composite needle felt for enhanced filtration performance [J]. Journal of Applied Polymer Science, 2020, 137 (2): 48282.
[63] GUO Y H, GUO Y C, HE W D, et al. PET/TPU nanofiber composite filters with high interfacial adhesion strength based on one-step co-electrospinning [J]. Powder Technology, 2021, 387: 136-145.
[64] DAI H Z, XUAN L, ZHANG C R, et al. Electrospinning Polyacrylonitrile/Graphene Oxide/Polyimide nanofibrous membranes for High-efficiency $PM_{2.5}$ filtration [J]. Separation and Purification Technology, 2021, 276: 119243.
[65] GAO H C, HE W D, ZHAO Y B, et al. Electret mechanisms and kinetics of

electrospun nanofiber membranes and lifetime in filtration applications in comparison with corona-charged membranes [J]. Journal of Membrane Science, 2020, 600: 117879.

[66] HE C, WANG Z L. Triboelectric nanogenerator as a new technology for effective $PM_{2.5}$ removing with zero ozone emission [J]. Progress in Natural Science: Materials International, 2018, 28 (2): 99-112.

[67] YANG S, LEE G W M. Electrostatic enhancement of collection efficiency of the fibrous filter pretreated with ionic surfactants [J]. Journal of the Air & Waste Management Association (1995), 2005, 55 (5): 594-603.

[68] KANG P K, SHAH D O. Filtration of nanoparticles with dimethyldioctadecylammonium bromide treated microporous polypropylene filters [J]. Langmuir, 1997, 13 (6): 1820-1826.

[69] MOTYL E, ŁOWKIS B. Effect of air humidity on charge decay and lifetime of PP electret nonwovens [J]. Fibres and Textiles in Eastern Europe, 2006, 14 (5): 39-42.

[70] KILIC A, RUSSELL S, SHIM E, et al. The charging and stability of electret filters [M]//Fibrous Filter Media. Amsterdam: Elsevier, 2017: 95-121.

[71] SACHINIDOU P, HEUSCHLING C, SCHANIEL J, et al. Investigation of surface potential discharge mechanism and kinetics in dielectrics exposed to different organic solvents [J]. Polymer, 2018, 145: 447-453.

[72] KIM J, HINESTROZA J P, JASPER W, et al. Effect of solvent exposure on the filtration performance of electrostatically charged polypropylene filter media [J]. Textile Research Journal, 2009, 79 (4): 343-350.

[73] CHEUNG C S, CAO Y H, YAN Z D. Numerical model for particle deposition and loading in electret filter with rectangular split-type fibers [J]. Computational Mechanics, 2005, 35 (6): 449-458.

[74] BAUMGARTNER H P, LÖFFLER F. The collection performance of electret filters in the particle size range 10 nm ~ 10 μm [J]. Journal of Aerosol Science, 1986, 17 (3): 438-445.

[75] TANG M, THOMPSON D, CHANG D Q, et al. Filtration efficiency and loading characteristics of $PM_{2.5}$ through commercial electret filter media [J]. Separation and Purification Technology, 2018, 195: 101-109.

[76] RAYNOR P C, CHAE S J. The long-term performance of electrically charged filters in a ventilation system [J]. Journal of Occupational and Environmental Hygiene, 2004, 1 (7): 463-471.

[77] LEHTIMÄKI M, HEINONEN K. Reliability of electret filters [J]. Building and Environment, 1994, 29 (3): 353-355.

[78] OTANI Y, EMI H, MORI J. Initial collection efficiency of electret filter and its durability for solid and liquid particles [translated] [J]. KONA Powder and Particle Journal, 1993, 11: 207-214.

[79] TROTTIER R A, BROWN R C. The effect of aerosol charge and filter charge on the filtration of submicrometre aerosols [J]. Journal of Aerosol Science, 1990, 21: S689-S692.

[80] ROMAY F J, LIU B Y H, CHAE S J. Experimental study of electrostatic capture mechanisms in commercial electret filters [J]. Aerosol Science and Technology, 1998, 28 (3): 224-234.

[81] WALSH D C, STENHOUSE J I T. The effect of particle size, charge, and composition on the loading characteristics of an electrically active fibrous filter material [J]. Journal of Aerosol Science, 1997, 28 (2): 307-321.

[82] BROWN R C, WAKE D, GRAY R, et al. Effect of industrial aerosols on the performance of electrically charged filter material [J]. The Annals of Occupational Hygiene, 1988, 32 (3): 271-294.

[83] 唐敏. 驻极体过滤材料对 $PM_{2.5}$ 过滤性能的研究 [D]. 广州: 华南理工大学, 2016.

[84] CHANG C, GERSHWIN M E. Indoor air quality and human health [J]. Clinical Reviews in Allergy & Immunology, 2004, 27 (3): 219-239.

[85] LUENGAS A, BARONA A, HORT C, et al. A review of indoor air treatment technologies [J]. Reviews in Environmental Science and Bio/Technology, 2015, 14 (3): 499-522.

[86] SAMET J M. Indoor air pollution: A public health perspective [J]. Indoor Air, 1993, 3 (4): 219-226.

[87] HALEEM KHAN A A, MOHAN KARUPPAYIL S. Fungal pollution of indoor environments and its management [J]. Saudi Journal of Biological Sciences, 2012, 19 (4): 405-426.

[88] SOFUOGLU S C, ASLAN G, INAL F, et al. An assessment of indoor air concentrations and health risks of volatile organic compounds in three primary schools [J]. International Journal of Hygiene and Environmental Health, 2011, 214 (1): 36-46.

[89] KIM K H, KABIR E, JAHAN S A. Airborne bioaerosols and their impact on human health [J]. Journal of Environmental Sciences (China), 2018, 67: 23-35.

[90] MAUS R, GOPPELSRÖDER A, UMHAUER H. Survival of bacterial and mold spores in air filter media [J]. Atmospheric Environment, 2001, 35 (1): 105-113.

[91] MILLER J D, MCMULLIN D R. Fungal secondary metabolites as harmful indoor air contaminants: 10years on [J]. Applied Microbiology and Biotechnology, 2014, 98 (24): 9953-9966.

[92] SUN Z X, YUE Y, HE W D, et al. The antibacterial performance of positively charged and chitosan dipped air filter media [J]. Building and Environment, 2020, 180: 107020.

[93] WANG Z, PAN Z J, WANG J G, et al. A Novel Hierarchical Structured Poly (lactic acid) /Titania Fibrous Membrane with Excellent Antibacterial Activity and Air Filtration Performance [J]. Journal of Nanomaterials, 2016, 2016 (1): 6272983.

[94] COOPER A, OLDINSKI R, MA H Y, et al. Chitosan-based nanofibrous membranes for antibacterial filter applications [J]. Carbohydrate Polymers, 2013, 92 (1): 254-259.

[95] KO Y S, JOE Y H, SEO M, et al. Prompt and synergistic antibacterial activity of silver nanoparticle-decorated silica hybrid particles on air filtration [J]. Journal of Materials Chemistry B, 2014, 2 (39): 6714-6722.

[96] ZHONG Z X, XU Z, SHENG T, et al. Unusual air filters with ultrahigh efficiency and antibacterial functionality enabled by ZnO nanorods [J]. ACS Applied Materials & Interfaces, 2015, 7 (38): 21538-21544.

[97] HAN C B, JIANG T, ZHANG C, et al. Removal of particulate matter emissions from a vehicle using a self-powered triboelectric filter [J]. ACS Nano, 2015, 9 (12): 12552-12561.

[98] GU G Q, HAN C B, LU C X, et al. Triboelectric nanogenerator enhanced nanofiber air filters for efficient particulate matter removal [J]. ACS Nano, 2017, 11 (6): 6211-6217.
[99] LI C X, KUANG S Y, CHEN Y H, et al. In situ active poling of nanofiber networks for gigantically enhanced particulate filtration [J]. ACS Applied Materials & Interfaces, 2018, 10 (29): 24332-24338.
[100] ZHAO Y, LOW Z X, FENG S S, et al. Multifunctional hybrid porous filters with hierarchical structures for simultaneous removal of indoor VOCs, dusts and microorganisms [J]. Nanoscale, 2017, 9 (17): 5433-5444.
[101] ZENG Y X, XIE R J, CAO J P, et al. Simultaneous removal of multiple indoor-air pollutants using a combined process of electrostatic precipitation and catalytic decomposition [J]. Chemical Engineering Journal, 2020, 388: 124219.
[102] CHANG D Q, CHEN S C, FOX A R, et al. Penetration of sub-50nm nanoparticles through electret HVAC filters used in residence [J]. Aerosol Science and Technology, 2015, 49 (10): 966-976.
[103] ONO R, NAKAZAWA M, ODA T. Charge storage in corona-charged polypropylene films analyzed by LIPP and TSC methods [J]. IEEE Transactions on Industry Applications, 2004, 40 (6): 1482-1488.
[104] KRAVTSOV A, BRÜNIG H, ZHANDAROV S, et al. The electret effect in polypropylene fibers treated in a corona discharge [J]. Advances in Polymer Technology, 2000, 19 (4): 312-316.
[105] KAO K C, HWANG W, CHOI S I. Electrical transport in solids [J]. Physics Today, 1983, 36 (10): 90.
[106] TABTI B, YAHIAOUI B, BENDAHMANE B, et al. Surface potential decay dynamic characteristics of negative-corona-charged fibrous dielectric materials [J]. IEEE Transactions on Dielectrics and Electrical Insulation, 2014, 21 (2): 829-835.
[107] PLOPEANU M C, NOTINGHER P V, DUMITRAN L M, et al. Surface potential decay characterization of non-woven electret filter media [J]. IEEE Transactions on Dielectrics and Electrical Insulation, 2011, 18 (5): 1393-1400.

[108] JAPUNTICH D A, STENHOUSE J I T, LIU B Y H. Experimental results of solid monodisperse particle clogging of fibrous filters [J]. Journal of Aerosol Science, 1994, 25 (2): 385-393.

[109] JAPUNTICH D A, STENHOUSE J I T, LIU B Y H. Effective pore diameter and monodisperse particle clogging of fibrous filters [J]. Journal of Aerosol Science, 1997, 28 (1): 147-158.

[110] THOMAS D, PENICOT P, CONTAL P, et al. Clogging of fibrous filters by solid aerosol particles Experimental and modelling study [J]. Chemical Engineering Science, 2001, 56 (11): 3549-3561.

[111] BOURROUS S, BOUILLOUX L, OUF F X, et al. Measurement and modeling of pressure drop of HEPA filters clogged with ultrafine particles [J]. Powder Technology, 2016, 289: 109-117.

[112] JI J H, BAE G N, KANG S H, et al. Effect of particle loading on the collection performance of an electret cabin air filter for submicron aerosols [J]. Journal of Aerosol Science, 2003, 34 (11): 1493-1504.

[113] WALSH D C, STENHOUSE J I T. Clogging of an electrically active fibrous filter material: Experimental results and two-dimensional simulations [J]. Powder Technology, 1997, 93 (1): 63-75.

[114] DOW J, NABLO S V. Time resolved electron deposition studies at high dose rates in dielectrics [J]. IEEE Transactions on Nuclear Science, 1967, 14 (6): 231-236.

[115] SESSLER G M, WEST J E. Method for measurement of surface charge densities on electrets [J]. Review of Scientific Instruments, 1971, 42 (1): 15-19.

[116] ZISMAN W A. A new method of measuring contact potential differences in metals [J]. Review of Scientific Instruments, 1932, 3 (7): 367-370.

[117] BAUM E A, LEWIS T J, TOOMER R. The decay of surface charge on n-octadecane crystals [J]. Journal of Physics D: Applied Physics, 1978, 11 (5): 703-716.

[118] FEDER J. Storage and examination of high-resolution charge images in Teflon foils [J]. Journal of Applied Physics, 1976, 47 (5): 1741-1745.

[119] BOURCIER D, FÈRAUD J P, COLSON D, et al. Influence of particle size and shape properties on cake resistance and compressibility during pressure filtration [J]. Chemical Engineering Science, 2016, 144: 176-187.

[120] LIU Y, SONG C L, LV G, et al. Determination of the attractive force, adhesive force, adhesion energy and Hamaker constant of soot particles generated from a premixed methane/oxygen flame by AFM [J]. Applied Surface Science, 2018, 433: 450-457.

[121] MENDES G C C, BRANDÃO T R S, SILVA C L M. Ethylene oxide sterilization of medical devices: A review [J]. American Journal of Infection Control, 2007, 35 (9): 574-581.

[122] FUKUZAKI S. Mechanisms of actions of sodium hypochlorite in cleaning and disinfection processes [J]. Biocontrol Science, 2006, 11 (4): 147-157.

[123] SETLOW B, LOSHON C A, GENEST P C, et al. Mechanisms of killing spores of Bacillus subtilis by acid, alkali and ethanol [J]. Journal of Applied Microbiology, 2002, 92 (2): 362-375.

[124] XU L M, ZHANG C M, XU P C, et al. Mechanisms of ultraviolet disinfection and chlorination of Escherichia coli: Culturability, membrane permeability, metabolism, and genetic damage [J]. Journal of Environmental Sciences (China), 2018, 65: 356-366.

[125] ROGERS W J. Steam and dry heat sterilization of biomaterials and medical devices [M]//Sterilisation of Biomaterials and Medical Devices. Amsterdam: Elsevier, 2012: 20-55.

[126] JUNG J H, LEE J E, LEE C H, et al. Treatment of fungal bioaerosols by a high-temperature, short-time process in a continuous-flow system [J]. Applied and Environmental Microbiology, 2009, 75 (9): 2742-2749.

[127] VISCUSI D J, BERGMAN M S, EIMER B C, et al. Evaluation of five decontamination methods for filtering facepiece respirators [J]. The Annals of Occupational Hygiene, 2009, 53 (8): 815-827.

[128] LORE M B, HEIMBUCH B K, BROWN T L, et al. Effectiveness of three decontamination treatments against influenza virus applied to filtering facepiece respirators [J]. The Annals of Occupational Hygiene, 2012, 56 (1): 92-101.

[129] MILLS D, HARNISH D A, LAWRENCE C, et al. Ultraviolet germicidal irradiation of influenza-contaminated N95 filtering facepiece respirators [J]. American Journal of Infection Control, 2018, 46 (7): e49-e55.
[130] SCHWARTZ A, STIEGEL M, GREESON N, et al. Decontamination and reuse of N95 respirators with hydrogen peroxide vapor to address worldwide personal protective equipment shortages during the SARS-CoV-2 (COVID-19) pandemic [J]. Applied Biosafety: Journal of the American Biological Safety Association, 2020, 25 (2): 67-70.
[131] BOUBAKRI A, GUERMAZI N, ELLEUCH K, et al. Study of UV-aging of thermoplastic polyurethane material [J]. Materials Science and Engineering: A, 2010, 527 (7/8): 1649-1654.
[132] WANG J, TRONVILLE P. Toward standardized test methods to determine the effectiveness of filtration media against airborne nanoparticles [J]. Journal of Nanoparticle Research, 2014, 16 (6): 2417.
[133] MARTIN S B Jr, MOYER E S. Electrostatic respirator filter media: Filter efficiency and most penetrating particle size effects [J]. Applied Occupational and Environmental Hygiene, 2000, 15 (8): 609-617.
[134] ENINGER R M, HONDA T, ADHIKARI A, et al. Filter performance of n99 and n95 facepiece respirators against viruses and ultrafine particles [J]. The Annals of Occupational Hygiene, 2008, 52 (5): 385-396.
[135] CHO K J, JONES S, JONES G, et al. Effect of particle size on respiratory protection provided by two types of N95 respirators used in agricultural settings [J]. Journal of Occupational and Environmental Hygiene, 2010, 7 (11): 622-627.
[136] HILL J M, KARBASHEWSKI E, LIN A, et al. Effects of aging and washing on UV and ozone-treated poly (ethylene terephthalate) and polypropylene [J]. Journal of Adhesion Science and Technology, 1995, 9 (12): 1575-1591.
[137] WANG P P, LEE S, HARMON J P. Ethanol-induced crack healing in poly (methyl methacrylate) [J]. Journal of Polymer Science Part B: Polymer Physics, 1994, 32 (7): 1217-1227.
[138] CANTALOUBE B, DREYFUS G, LEWINER J. Vapor-induced depolariza-

tion currents in electrets [J]. Journal of Polymer Science B Polymer Physics, 1979, 17 (1): 95-101.

[139] OHMI T, SUDOH S, MISHIMA H. Static charge removal with IPA solution [J]. IEEE Transactions on Semiconductor Manufacturing, 1994, 7 (4): 440-446.

[140] XIAO H M, SONG Y P, CHEN G J. Correlation between charge decay and solvent effect for melt-blown polypropylene electret filter fabrics [J]. Journal of Electrostatics, 2014, 72 (4): 311-314.

[141] CHOI H J, KIM S B, KIM S H, et al. Preparation of electrospun polyurethane filter media and their collection mechanisms for ultrafine particles [J]. Journal of the Air & Waste Management Association (1995), 2014, 64 (3): 322-329.

[142] LIU Y, NING Z, CHEN Y, et al. Aerodynamic analysis of SARS-CoV-2 in two Wuhan hospitals [J]. Nature, 2020, 582: 557-560.

[143] GALLOS L K, MOVAGHAR B, SIEBBELES L D A. Temperature dependence of the charge carrier mobility in gated quasi-one-dimensional systems [J]. Physical Review B, 2003, 67 (16): 165417.

[144] BLOM P W M, DE JONG M J M, VANMUNSTER M G. Electric-field and temperature dependence of the hole mobility in poly (p-phenylene vinylene) [J]. Physical Review B, 1997, 55 (2): R656-R659.

[145] 汤云晖. 电气石的表面吸附与电极反应研究 [D]. 北京：中国地质大学(北京)，2003.

[146] 冀志江. 电气石自极化及应用基础研究 [D]. 北京：中国建筑材料科学研究院，2003.

[147] 赵凯，肖建刚，李峻峰，等. 电气石/壳聚糖复合纤维的表征及细胞相容性 [J]. 复合材料学报，2013，30 (6)：101-107.

[148] LATRACHE R, FISSAN H J. Enhancement of particle deposition in filters due to electrostatic effects [J]. Filtration & Separation, 1987, 24 (6): 418-422.

[149] SHEVKUNOV S V, VEGIRI A. Electric field induced transitions in water clusters [J]. Journal of Molecular Structure: THEOCHEM, 2002, 593 (1/2/3): 19-32.

[150] HE W D, GUO Y H, SHE N R Q, et al. Enhancement of filtration performance of polyester (PET) filters by compositing with schorl powder [J]. Powder Technology, 2019, 342: 321-327.

[151] NASSIF N. The impact of air filter pressure drop on the performance of typical air-conditioning systems [J]. Building Simulation, 2012, 5 (4): 345-350.

[152] HE W, GUO Y, ZHAO Y, et al. Self-supporting smart air filters based on PZT/PVDF electrospun nanofiber composite membrane [J]. Chemical Engineering Journal, 2021, 423: 130247.

[153] GREESHMA T, BALAJI R, JAYAKUMAR S. PVDF phase formation and its influence on electrical and structural properties of PZT-PVDF composites [J]. Ferroelectrics Letters Section, 2013, 40 (1/2/3): 41-55.

[154] SHAO H, FANG J, WANG H X, et al. Effect of electrospinning parameters and polymer concentrations on mechanical-to-electrical energy conversion of randomly-oriented electrospun poly (vinylidene fluoride) nanofiber mats [J]. RSC Advances, 2015, 5 (19): 14345-14350.

[155] LEUNG W W F, HUNG C H, YUEN P T. Effect of face velocity, nanofiber packing density and thickness on filtration performance of filters with nanofibers coated on a substrate [J]. Separation and Purification Technology, 2010, 71 (1): 30-37.

[156] HUANG S H, CHEN C W, KUO Y M, et al. Factors affecting filter penetration and quality factor of particulate respirators [J]. Aerosol and Air Quality Research, 2013, 13 (1): 162-171.

[157] PI Z Y, ZHANG J W, WEN C Y, et al. Flexible piezoelectric nanogenerator made of poly (vinylidenefluoride-co-trifluoroethylene) (PVDF-TrFE) thin film [J]. Nano Energy, 2014, 7: 33-41.

[158] KIM S C, WANG J, SHIN W G, et al. Structural properties and filter loading characteristics of soot agglomerates [J]. Aerosol Science and Technology, 2009, 43 (10): 1033-1041.

[159] ZI Y L, WANG J, WANG S H, et al. Effective energy storage from a triboelectric nanogenerator [J]. Nature Communications, 2016, 7: 10987.

[160] NIU S M, LIU Y, CHEN X Y, et al. Theory of freestanding triboelectric-

layer-based nanogenerators [J]. Nano Energy, 2015, 12: 760-774.

[161] WANG S H, XIE Y N, NIU S M, et al. Freestanding triboelectric-layer-based nanogenerators for harvesting energy from a moving object or human motion in contact and non-contact modes [J]. Advanced Materials, 2014, 26 (18): 2818-2824.

[162] CHEN S W, GAO C Z, TANG W, et al. Self-powered cleaning of air pollution by wind driven triboelectric nanogenerator [J]. Nano Energy, 2015, 14: 217-225.

[163] MO J L, ZHANG C Y, LU Y X, et al. Radial piston triboelectric nanogenerator-enhanced cellulose fiber air filter for self-powered particulate matter removal [J]. Nano Energy, 2020, 78: 105357.

[164] GU G Q, HAN C B, TIAN J J, et al. Triboelectric nanogenerator enhanced multilayered antibacterial nanofiber air filters for efficient removal of ultrafine particulate matter [J]. Nano Research, 2018, 11 (8): 4090-4101.

[165] MIZUNO A, HORI Y. Destruction of living cells by pulsed high-voltage application [J]. IEEE Transactions on Industry Applications, 1988, 24 (3): 387-394.

[166] SALE A, HAMILTON W. Hamilton. Effects of high electric fields on microorganisms: I. Killing of bacteria and yeasts [J]. Biochimica et Biophysica Acta (BBA) - General Subjects, 1967, 148: 781-788.

[167] LIU W K, TEBBS S E, BYRNE P O, et al. The effects of electric current on bacteria colonising intravenous catheters [J]. The Journal of Infection, 1993, 27 (3): 261-269.

[168] LI X G, CAO H B, WU J C, et al. Inhibition of the metabolism of nitrifying bacteria by direct electric current [J]. Biotechnology Letters, 2001, 23 (9): 705-709.

[169] BIRBIR Y, BIRBIR M. Inactivation of extremely halophilic hide-damaging bacteria via low-level direct electric current [J]. Journal of Electrostatics, 2006, 64 (12): 791-795.

[170] PILLET F, FORMOSA-DAGUE C, BAAZIZH, et al. Cell wall as a target for bacteria inactivation by pulsed electric fields [J]. Scientific Reports, 2016, 6: 19778.

[171] 郭苏建 . 大气治理与可持续发展 [M]. 杭州：浙江大学出版社，2018.
[172] BELL M L, O' NEILL M S, CIFUENTES L A, et al. Challenges and recommendations for the study of socioeconomic factors and air pollution health effects [J]. Environmental Science & Policy, 2005, 8 (5): 525-533.
[173] 赵兴雷 . 空气过滤用高效低阻纳米纤维材料的结构调控及构效关系研究 [D]. 上海：东华大学，2017.
[174] SHI Q, FAN Q F, YE W, et al. Binary release of ascorbic acid and lecithin from core-shell nanofibers on blood-contacting surface for reducing long-term hemolysis of erythrocyte [J]. Colloids and Surfaces B, Biointerfaces, 2015, 125: 28-33.
[175] ALAM A M, LIU Y N, PARK M, et al. Preparation and characterization of optically transparent and photoluminescent electrospun nanofiber composed of carbon quantum dots and polyacrylonitrile blend with polyacrylic acid [J]. Polymer, 2015, 59: 35-41.
[176] ZHANG Y T, LIU S, LI Y, et al. Electrospun graphene decorated Mn-Co_2O_4 composite nanofibers for glucose biosensing [J]. Biosensors & Bioelectronics, 2015, 66: 308-315.
[177] 刘玉军，侯慕毅，肖小雄 . 熔喷法非织造布技术进展及熔喷布的用途 [J]. 纺织导报，2006 (8): 79-80, 83.
[178] BROWN T D, DALTON P D, HUTMACHER D W. Melt electrospinning today: An opportune time for an emerging polymer process [J]. Progress in Polymer Science, 2016, 56: 116-166.
[179] LIU L, XU ZH, SONG C Y, et al. Adsorption-filtration characteristics of melt-blown polypropylene fiber in purification of reclaimed water [J]. Desalination, 2006, 201: 198-206.
[180] ELLISON C J, PHATAK A, GILES D W, et al. Melt blown nanofibers: Fiber diameter distributions and onset of fiber breakup [J]. Polymer, 2007, 48 (11): 3306-3316.
[181] DE ROVèRE A, SHAMBAUGH R L, O' REAR E A. Investigation of gravity-spun, melt-spun, and melt-blown polypropylene fibers using atomic force microscopy [J]. Journal of Applied Polymer Science, 2000, 77 (9): 1921-1937.

[182] RAMAIAH G B, CHILLAL P S, ARI A P. Thermal behaviour of waterproof coated fabrics and identification of chemical groups present in melt-blown polyester non-woven fabrics coated with waterproof acrylic polymer binder [J]. Materials Today: Proceedings, 2021, 46: 4605-4612.

[183] PALAI B, MOHANTY S, NAYAK S K. Synergistic effect of polylactic acid (PLA) and Poly (butylene succinate-co-adipate) (PBSA) based sustainable, reactive, super toughened eco-composite blown films for flexible packaging applications [J]. Polymer Testing, 2020, 83: 106130.

[184] WANG Z F, ESPÍN L, BATES F S, et al. Water droplet spreading and imbibition on superhydrophilic poly (butylene terephthalate) melt-blown fiber mats [J]. Chemical Engineering Science, 2016, 146: 104-114.

[185] 潘先苗．超声波在 PET/PA 熔喷非织造布开纤上的研究 [J]. 天津纺织科技, 2008 (2): 17-22.

[186] ESPINOSA K R, CASTILLO L A, BARBOSA S E. Blown nanocomposite films from polypropylene and talc. Influence of talc nanoparticles on biaxial properties [J]. Materials & Design, 2016, 111: 25-35.

[187] ZHANGZQ, YU D F, XU X B, et al. A polypropylene melt-blown strategy for the facile and efficient membrane separation of oil - water mixtures [J]. Chinese Journal of Chemical Engineering, 2021, 29: 383-390.

[188] 胡宝继, 刘凡, 邵伟力, 等．聚苯硫醚熔喷可纺性的研究 [J]. 上海纺织科技, 2019, 47: 29-31.

[189] 闫新, 宋会芬, 石素宇, 等．热塑性聚氨酯熔喷非织造布的制备及表征 [J]. 现代纺织技术, 2019, 27: 6-10.

[190] DENG N P, HE H S, YAN J, et al. One-step melt-blowing of multi-scale micro/nano fabric membrane for advanced air-filtration [J]. Polymer, 2019, 165: 174-179.

[191] XIAO H M, GUI J Y, CHEN G J, et al. Study on correlation of filtration performance and charge behavior and crystalline structure for melt-blown polypropylene electret fabrics [J]. Journal of Applied Polymer Science, 2015, 132: 42807.

[192] XIAOH M, CHEN G J, SONG Y P. Penetration performance of melt-blown polypropylene electret nonwoven web against DEHS aerosols [J]. Advanced

Materials Research, 2011, 393/394/395: 1318-1321.

[193] BAUMGARTEN P K. Electrostatic spinning of acrylic microfibers [J]. Journal of Colloid and Interface Science, 1971, 36 (1): 71-79.

[194] DOSHI J, RENEKER D H. Electrospinning process and applications of electrospun fibers [J]. Journal of Electrostatics, 1995, 35 (2/3): 151-160.

[195] CHUN I, RENEKER D, FONG H, et al. Carbon nanofibers from polyacrylonitrile and mesophase pitch [J]. Journal of Advanced Materials, 1999, 31: 36-41.

[196] HE J H, WAN Y Q, YU J Y. Application of vibration technology to polymer electrospinning [J]. International Journal of Nonlinear Sciences and Numerical Simulation, 2004, 5 (3): 253-262.

[197] PETRIK S, MALY M. Production nozzle-less electrospinning nanofiber technology [J]. MRS Online Proceedings Library, 2010, 1240 (1): 307.

[198] FANG D F, CHANG C, HSIAO B S, et al. Development of multiple-jet electrospinning technology [M]//ACS Symposium Series. Washington, DC: American Chemical Society, 2006: 91-105.

[199] YAMASHITA Y. Industrialization of nano-fiber technology by electrospinning [J]. Sen' i Gakkaishi, 2008, 64 (2): 70-75.

[200] ZHU J X, ZHANG Y P, SHAO H L, et al. Electrospinning and rheology of regenerated Bombyx Mori silk fibroin aqueous solutions: The effects of pH and concentration [J]. Polymer, 2008, 49 (12): 2880-2885.

[201] KEEREETA Y, THONGTEM T, THONGTEM S. Fabrication of $ZnWO_4$ nanofibers by a high direct voltage electrospinning process [J]. Journal of Alloys and Compounds, 2011, 509 (23): 6689-6695.

[202] NAGY Z K, BALOGH A, DéMUTH B, et al. High speed electrospinning for scaled-up production of amorphous solid dispersion of itraconazole [J]. International Journal of Pharmaceutics, 480: 137-142.

[203] CHOI S J, HA Y K, KIM H S. Study on high-speed camera observation of electrospinning behaviors [J]. Textile Science and Engineering, 2014, 51 (6): 314-318.

[204] FASHANDI H, KARIMI M. Comparative studies on the solvent quality and atmosphere humidity for electrospinning of nanoporous polyetherimide fibers

[J]. Industrial & Engineering Chemistry Research, 2014, 53 (1): 235-245.

[205] GIBSON P, SCHREUDER-GIBSON H, RIVIN D. Transport properties of porous membranes based on electrospun nanofibers [J]. Colloids and Surfaces A: Physicochemical and Engineering Aspects, 2001, 187/188: 469-481.

[206] KOSMIDER K, SCOTT J. Polymeric nanofibres exhibit an enhanced air filtration performance [J]. Filtration & Separation, 2002, 39 (6): 20-22.

[207] ELMARZUGI N. Applying nanotechnology to filtration applications [J]. Filtration & Separation, 2004, 41 (6): 8.

[208] SHIN C, CHASE G G, RENEKER D H. Recycled expanded polystyrene nanofibers applied in filter media [J]. Colloids and Surfaces A: Physicochemical and Engineering Aspects, 2005, 262 (1/2/3): 211-215.

[209] POLEZ R T, RODRIGUES B V M, ELSEOUD O A, et al. Electrospinning of cellulose carboxylic esters synthesized under homogeneous conditions: Effects of the ester degree of substitution and acyl group chain length on the morphology of the fabricated mats [J]. Journal of Molecular Liquids, 2021, 339: 116745.

[210] GENG X Y, KWON O H, JANG J. Electrospinning of chitosan dissolved in concentrated acetic acid solution [J]. Biomaterials, 2005, 26 (27): 5427-5432.

[211] OHKAWA K, CHA D, KIM H, et al. Electrospinning of chitosan [J]. Macromolecular Rapid Communications, 2004, 25 (18): 1600-1605.

[212] HUANG Z M, ZHANG Y Z, RAMAKRISHNA S, et al. Electrospinning and mechanical characterization of gelatin nanofibers [J]. Polymer, 2004, 45 (15): 5361-5368.

[213] LI J X, HE A H, ZHENG J F, et al. Gelatin and gelatin-hyaluronic acid nanofibrous membranes produced by electrospinning of their aqueous solutions [J]. Biomacromolecules, 2006, 7 (7): 2243-2247.

[214] UM I C, FANG D F, HSIAO B S, et al. Electro-spinning and electro-blowing of hyaluronic acid [J]. Biomacromolecules, 2004, 5 (4): 1428-1436.

[215] KOSKI A, YIM K, SHIVKUMAR S. Effect of molecular weight on fibrous PVA produced by electrospinning [J]. Materials Letters, 2004, 58 (3/4): 493-497.
[216] SHAMI Z, SHARIFI-SANJANI N. Preparation of PAA/PEO blend nanofibers via electrospinning process [J]. e-Polymers, 2011, 11 (1): 70.
[217] PAKRAVAN M, HEUZEY M C, AJJI A. A fundamental study of chitosan/PEO electrospinning [J]. Polymer, 2011, 52 (21): 4813-4824.
[218] SANTOS R P O, RODRIGUES B V M, RAMIRES E C, et al. Bio-based materials from the electrospinning of lignocellulosic sisal fibers and recycled PET [J]. Industrial Crops and Products, 2015, 72: 69-76.
[219] ZHAN N Q, LI Y X, ZHANG C Q, et al. A novel multinozzle electrospinning process for preparing superhydrophobic PS films with controllable bead-on-string/microfiber morphology [J]. Journal of Colloid and Interface Science, 2010, 345 (2): 491-495.
[220] STEPHENS J S, CHASE D B, RABOLT J F. Effect of the electrospinning process on polymer crystallization chain conformation in nylon-6 and nylon-12 [J]. Macromolecules, 2004, 37 (3): 877-881.